Einführung
in die
Elektricitätslehre.

Vorträge

von

Bruno Kolbe,
Oberlehrer der Physik an der St. Annen-Schule in St. Petersburg.

I.
Statische Elektricität.

Mit 75 in den Text gedruckten Holzschnitten.

Berlin. 1893. **München.**
Julius Springer. R. Oldenbourg.

Buchdruckerei von Gustav Schade (Otto Francke) in Berlin N.

Vorwort.

„Es führen der Wege viele in ein unbekanntes Land „und die langgestreckte Grenze kann an zahllosen Punkten „überschritten werden. Allein nicht alle Strassen sind gleich „gebahnt, nicht alle Übergänge mit derselben Leichtigkeit „zu bewerkstelligen."

Diese Worte, mit denen A. W. v. Hofmann seine „Einleitung in die moderne Chemie" schliesst, sind hier voran gestellt, denn sie charakterisieren das Ziel vorliegender Schrift. Eine Einführung in die Elektricitätslehre will sie bieten, nicht mehr! Sollte es dem Verfasser gelungen sein, die Grunderscheinungen der statischen Elektricität im Zusammenhange klar darzustellen, so dass der Leser imstande ist, ein Gesamtbild des Gegenstandes zu gewinnen, so ist der Zweck dieser Arbeit erreicht.

Verfasser hatte im Wintersemester 1890/91 Gelegenheit, die Elektricitätslehre in 12 Vorträgen zu behandeln, entschloss sich aber erst nach aufmunterndem Zureden befreundeter Fachkollegen dazu, diese Vorträge zu veröffentlichen, und zwar zunächst den ersten Teil, da Berufsarbeiten und Krankheit eine für den Druck erforderliche Ausarbeitung des zweiten Teiles (der dynamischen Elektricität) bisher verhinderten.

Alle einschlägigen Experimente sind ausschliesslich mit Schulapparaten angestellt und können daher an Mittelschulen vorgeführt werden. Auf diese Weise hofft der Verfasser manchem jüngeren Fachkollegen und strebsamen Schülern eine nicht unwillkommene Zusammenstellung der wichtigsten Experimente aus der Reibungs-Elektricität zu bieten. — Dass in der folgenden Darstellung nicht immer das eingefahrene Geleise der Lehrbücher eingehalten worden, sondern viele Erscheinungen (wie z. B. die der Influenz) in anderer Weise und mit neukonstruierten Apparaten vorgeführt worden sind, dürfte umsoweniger als ein Fehler anzusehen sein, als die betreffenden Experimente in der hier angegebenen Weise einfacher auszuführen und anschaulicher sind, und weniger Apparate erfordern. Ueberhaupt sind alle Fundamentalversuche mit einer möglichst geringen Anzahl von Apparaten angestellt, wobei allerdings — durch eine besondere Konstruktion der Elektroskope und des Elektrometers — die Möglichkeit erreicht wurde, diese Apparate vielseitiger zu verwenden, als bisher.

Um den Zusammenhang möglichst wenig zu unterbrechen, wurden historische Notizen und andere Bemerkungen in den Anhang verwiesen, wo auch die Entwickelung mancher Formeln ihren Platz fand.

Es ist dem Verfasser eine angenehme Pflicht der Dankbarkeit, der vielfachen Anregung zu gedenken, welche er in der physikalischen Sektion des pädagogischen Museums der Militair-Lehranstalten in St. Petersburg empfangen hat, wo die interessanten Vorträge der Herren Proff. J. Borgmann, Vanderfliet, J. Kowalski, V. Rosenberg, Chamontow u. A. eine Fülle der Belehrung boten.

Desgleichen hat Verfasser viel der „Zeitschrift für den physikalischen und chemischen Unterricht“ zu verdanken, und der aufmerksame Leser wird manche Anklänge herausfinden, die einzeln anzugeben hier nicht möglich ist. Hervorgehoben sei nur die von Dr. F. Poske angegebene empirische Definition des Potentialbegriffs und die von demselben vorgeschlagene Einführung des Elektricitätsgrades in die elementare Darstellung.

Herzlichen Dank sei schliesslich den Fachkollegen: Herren W. Williams und V. Rosenberg in Petersburg und Dr. F. Poske in Berlin ausgesprochen, für die Liebenswürdigkeit, mit der sie den Verfasser bei der Durchsicht des Manuskriptes unterstützt und durch schätzenswerte Winke gefördert haben.

Die Verlagshandlung hat in anerkennenswerter Weise für die Ausstattung gesorgt und u. a. sämtliche Figuren nach Originalzeichnungen des Verfassers neu schneiden lassen.

St. Petersburg, im September 1892.

Der Verfasser.

Inhalt.

I. Vortrag.

Erzeugung der Elektricität durch Reibung; Geschichtliches; Eigenschaften elektrisierter Körper; Elektrisierbarkeit und Leitungsfähigkeit der Körper; Positive und negative Elektricität; Elektricität von Reiber und Reibzeug; Elektrische Spannungsreihe; Erkennung von + E und — E am Elektroskop; Erscheinungen bei leitender Verbindung zweier Elektroskope mit gleichstarker gleichnamiger oder ungleichnamiger Ladung; $\pm E = 0$.

Hier lege ich Ihnen ein Stück Bernstein vor. Das ist, wie Sie wissen, vorweltliches Harz. Ich lege es auf die Schale einer sehr empfindlichen chemischen Wage und schütte auf die andere Schale so lange Sand, bis die Wage genau im Gleichgewicht ist. Nun nehme ich den Bernstein und reibe ihn an einem Stück Katzenfell — Sie sehen, diese auf dem Tisch liegenden kleinen Papierschnitzel werden stark angezogen! Was ist mit dem Bernstein geschehen? Ich reibe ihn nochmals und lege ihn wieder auf die Wage — — nicht die geringste Änderung des Gewichts ist eingetreten, mithin hat der Bernstein keinen wägbaren Stoff aufgenommen oder abgegeben, er hat nur — ohne im übrigen seine Eigenschaften zu ändern — einen neuen Zustand angenommen! Wir legen das Stück Bernstein beiseite — nach kurzer Zeit ist seine Anziehungskraft merklich schwächer geworden und hört bald gänzlich auf.

Geriebener Bernstein zieht leichte Körper an; dabei findet keine Zunahme und kein Verlust an Gewicht statt.

Welcher Art ist dieser vorübergehende Zustand des Bernsteins? Das zu untersuchen soll nun unsere Aufgabe sein.

* * *

Geschichtliches.

Die Eigenschaft des geriebenen Bernsteins: leichte Körper anzuziehen, war schon 600 v. Ch. den alten Griechen bekannt. Sie nannten den Bernstein: „Elektron“. Aber mehr als zwei Jahrtausende galten die Versuche die man anstellte, für eine belustigende Spielerei! Erst um 1600 n. Ch. versuchte der englische Physiker Gilbert verschiedene Körper durch gegen-

Der Name „Elektricität“ von Elektron (Bernstein) 1600.

seitiges Reiben auf ihre Anziehungskraft zu prüfen und fand, dass viele Körper, wie Schwefel, Glas u. a. dieselbe Eigenschaft zeigen, die er dem Bernstein zu Ehren „Bernsteinkraft“ oder „elektrische Kraft“ nannte. Seitdem ist das Wort „Elektricität“ als Bezeichnung für diese Eigenschaft gebräuchlich. (Vergl. Anh. 1). Bei weiteren Versuchen kam er zu auffallenden, weil widersprechenden Resultaten, die ihrerzeit Aufsehen machten, aber dennoch verging noch ein Jahrhundert bis (zu Anfang des XVIII. Jahrhunderts) die Gelehrten den elektrischen Erscheinungen ihre volle Aufmerksamkeit zuwandten. Nun folgten die Entdeckungen immer rascher auf einander, lavinenartig vergrösserte sich von Jahrzehnt zu Jahrzehnt die Zahl der Forscher und Experimentatoren, und als gar in unserem Jahrhundert mehrere praktische Erfindungen von weitgehendster Bedeutung (elektrisches Licht, Galvanoplastik, Telegraphie, Telephonie, auf diesem Gebiete gemacht wurden, da errang sich die Elektricität eine so hervorragende Stellung, dass besonders das letzte Viertel unseres Jahrhunderts füglich das Zeitalter der Elektricität genannt werden kann.

Wir wollen uns nun mit den elektrischen Erscheinungen bekannt machen und dabei — soweit es angeht — der historischen Entwickelung folgen. Wenn wir dann auch zu Schlüssen kommen sollten, welche sich bei weiteren Versuchen als unhaltbar erweisen, so haben wir im Geiste die ersten Forscher auf ihren Irrwegen begleitet und werden die Schwierigkeiten ermessen lernen, welche jene ersten Pioniere zu überwinden hatten, die ohne äusseren Vorteil keine Zeit und keine Mühe scheuten um die Naturgesetze zu erforschen.

* * *

Nach dieser Abschweifung, welche Ziel und Richtung unserer gemeinsamen Forschung andeuten sollte, kehren wir zu unserem ersten Versuche zurück, nur wollen wir uns statt des Bernsteins dieses bequemeren und stärker wirkenden Stabes aus englischem Flintglase bedienen. Zum Reiben benutzen wir amalgamiertes[1]) Leder.

Glas und amalgam. Leder.

[1]) Das für elektrische Versuche gebräuchliche Amalgam ist eine Legierung von 2 Gewichtsteilen (erhitztem) Quecksilber mit 1 Teil

Ich reibe den Flintglasstab mit der amalgamierten Seite des Leders und nähere ihn den von uns benutzten Papierschnitzeln — schon aus der Entfernung von etwa 25 cm werden diese stark angezogen und sofort wieder abgeschleudert. Ich elektrisiere den Stab von neuem und nähere ihm den Knöchel meines gekrümmten Zeigefingers — bereits in 4—5 cm Abstand hören Sie ein Knistern und würden im Dunkeln kleine Funken überschlagen sehen. — Auf diesem Brettchen sehen Sie einige längliche Stückchen aus Aluminiumblatt (feinster Aluminiumfolie). Ich werfe dieselben in die Luft und nähere den elektrisierten Glasstab — fast alle diese glitzernden Metallblättchen eilen zum Stabe, um nach der Berührung weit fortgeschleudert zu werden. Ich gehe mit dem Glasstabe den Blättchen nach — sie fliehen den Stab; so kann ich diese Blättchen mit dem Stabe beliebig treiben, wie Schmetterlinge flattern sie auf einen Wink meines Zauberstabes auf und nieder.

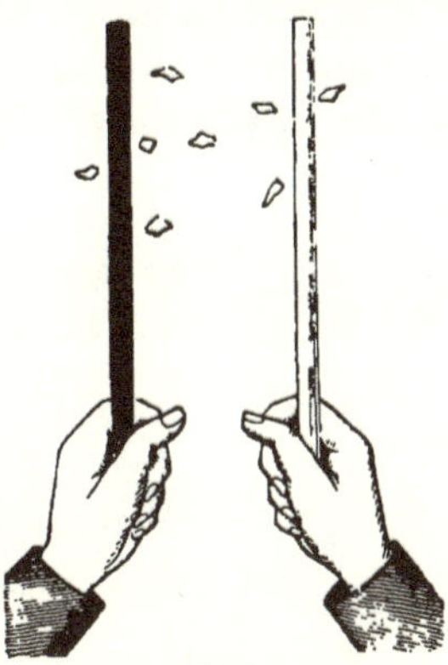

Fig. 1.
Elektrische Anziehung und Abstossung.

Jetzt reibe ich diesen (schwarzen) Ebonitstab[2]) mit einem Fuchsschwanz. Die Wirkung auf die Papierschnitzel, den genäherten Finger und die Metallblättchen ist dieselbe, nur etwas schwächer.

Nun elektrisiere ich beide Stäbe von neuem, werfe wieder die Metallblättchen in die Luft und nähere gleichzeitig beide Stäbe in paralleler Stellung (Fig. 1). Sie sehen, beide Stäbe ziehen wieder die Blättchen an um sie wieder zurückzustossen aber — — die vom Glasstabe abgestossenen Blättchen

---

Zinn und 1 Teil Zink. Die harte grobkörnige Masse wird in einem steinernen oder eisernen Mörser zerstossen und auf einen Lederlappen gestrichen, der vorher schwach mit Talg eingerieben worden. Das amalgamierte Leder ist am wirksamsten, wenn das Fett sich bereits ins Leder eingezogen hat und, durch den Gebrauch, die nicht am Leder haftenden Amalgamstückchen abgerieben sind.

[2]) Ebonit ist vulkanisiertes (mit Schwefel versetztes) Kautschuk, auch Horngummi oder Kammmasse (weil zur Herstellung von Kämmen dienend) genannt.

eilen geradenwegs zum Ebonitstabe und umgekehrt, so dass zwischen beiden Stäben ein emsiger Verkehr besteht. Hin und wieder prallen einige Blättchen in der Luft aneinander, um nachher gemeinschaftlich den Weg des einen der Blättchen fortzusetzen, oder — auseinanderfahrend — ihren Flug rückwärts zu nehmen. Allmählich nimmt die Lebhaftigkeit der Bewegung ab und nach einiger Zeit hört die Wirkung der Stäbe auf.

Wie sollen wir uns diese Erscheinungen deuten?

Da die losen Papierschnitzel und Metallblättchen sich schlecht zur Prüfung eignen, so nehme ich das elektrische Pendel zu Hülfe. Es besteht aus 2 Kugeln (von etwa 3 cm Durchmesser) aus dem leichten Mark des Stengels der Sonnenblume (Helianthus annuus), welche vermittelst Seidenfäden an

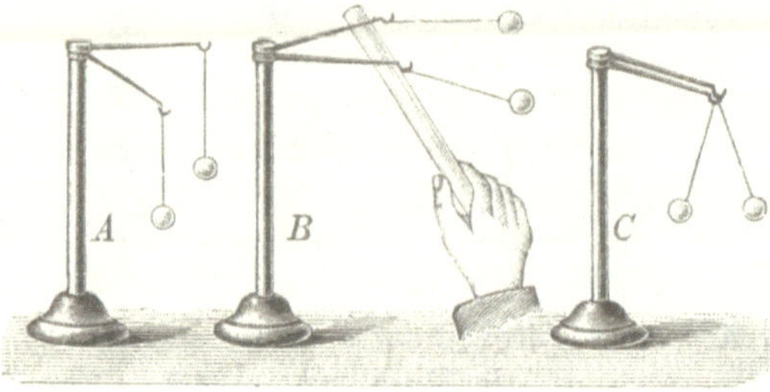

Fig 2.
Elektrisches Pendel bekannter Konstruktion. $^1/_{10}$ natürl. Grösse.

die drehbaren Arme des Gestells befestigt sind (A, Fig. 2). (Warum Seidenfäden gewählt sind, wird uns bald klar werden.)

Ich nähere den elektrisierten Glasstab den Pendeln: die Kugeln werden angezogen und nach der Berührung so stark abgestossen, dass sie beim Nachrücken des Stabes über diesem zu schweben scheinen, wobei sich die Fäden fast horizontal ausstrecken (B, Fig. 2). Entferne ich nun den Stab, so senken sich die Kugeln wieder, berühren sich aber nicht, auch wenn die Arme des Gestelles so gedreht werden, dass die Aufhängepunkte der Fäden zusammenfallen (C, Fig. 2). Offenbar findet jetzt zwischen beiden Kugeln eine ebensolche Abstossung statt, wie zwischen dem Stabe und den von ihm elektrisierten Kugeln (B, Fig. 2). In diesem Zustande ist das elektrische Pendel geladen.

Nun berühre ich die eine Kugel mit der Hand. Schon bei der blossen Annäherung übt meine unelektrische Hand eine deutliche Anziehung auf die elektrisierten Pendel aus, wie vorhin der elektrische Stab auf die noch unelektrischen Kugeln. Bei weiterer Annäherung der Hand berührt die Kugel dieselbe, fällt zurück und wird jetzt von der noch elektrischen zweiten Kugel angezogen und wieder abgestossen, aber bedeutend schwächer, als das erste Mal. Ich wiederhole den Versuch und wiederum ist die abstossende Kraft verkleinert, d. h. ihre elektrische Ladung hat abgenommen.

Wir sehen also: Die Ladung, welche dem unelektrischen Körper durch Berührung mit dem elektrischen Körper erteilt wird, geschieht auf Kosten der Ladung des letzteren.

Wiederholen wir die Versuche mit dem Ebonitstabe. Der Erfolg ist ganz derselbe. Wir können jetzt folgende Erfahrungssätze zusammenstellen:

1. Unelektrische Körper werden von elektrischen angezogen und umgekehrt.
2. Durch Berührung elektrischer Körper mit unelektrischen können diese auch elektrisch werden, und zwar auf Kosten der Ladung ersterer.
3. Zwei Körper, von denen der eine durch Berührung mit dem anderen elektrisch geworden ist, stossen sich ab.
4. Durch Berührung mit der Hand können elektrische Körper entladen (d. h. unelektrisch gemacht) werden.

Bis auf das eigentümliche Verhalten der Metallblättchen, welche zwischen dem Glas- und dem Ebonitstabe hin- und herflogen (S. 3) haben wir alle bisher beobachteten Erscheinungen auf bestimmte Grundgesetze zurückgeführt. Die Lösung dieses Rätsels müssen wir noch hinausschieben, bis wir untersucht haben, wie andere Körper sich beim Reiben verhalten.

Hier sehen Sie eine Anzahl Stäbe und Platten aus verschiedenem Material. Ich nehme zuerst eine Harzstange (Siegellack) und reibe sie mit einem Fuchsschwanz. Die Kugeln des wieder unelektrisch gemachten Pendels werden Elektrisierbarkeit der Körper.

stark, d. h. aus einiger Entfernung angezogen. Dasselbe beobachten wir bei einem Stück Schwefel und bei einer Glimmerplatte. Dagegen *schwach*, d. h. nur in der nächsten Nähe von den Kugeln merkbar, ist die Wirkung bei Fischbein lufttrockenem Holz und Papier, Knochen u. s. w.; endlich *ganz unmerklich*, bei allen Metallstäben und einem Stück Speckstein. — (Glasstäbe verhalten sich sehr verschieden, einige werden gut, andere fast gar nicht elektrisch s. w. u.) Wir können mithin die untersuchten Körper in elektrisch werdende und in nicht elektrisch werdende, oder kurz: in elektrische und unelektrische Körper einteilen (Gilbert 1600). Sehen wir zu, ob diese Einteilung sich bewährt!

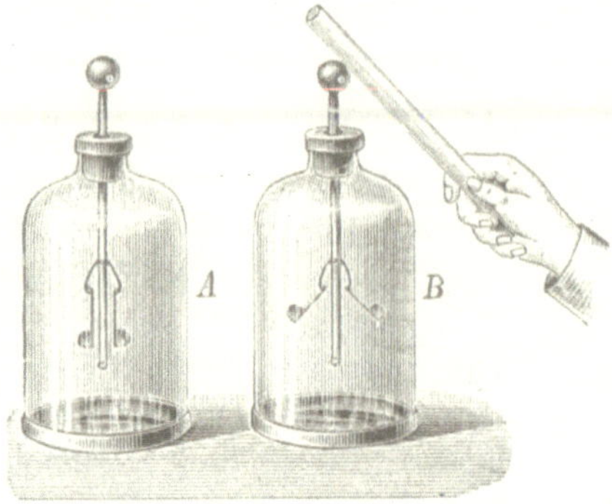

Fig. 3.
Papier-Elektroskop. $^1/_7$ natürl. Grösse.

Ein in vielen Fällen bequemeres Hülfsmittel, als das elektrische Pendel ist das Elektroskop (d. h. Elektricitätsprüfer), von welchem ich Ihnen zwei sehr einfache, aber für unseren Zweck brauchbare vorlege. Sie haben vor den sonst gebräuchlichen den Vorzug, dass die Stellung der Blättchen weiter sichtbar ist und dass sie auch bei starken elektrischen Ladungen nicht verderben.

Sie sehen hier (Fig. 3, A) eine breite Glasflasche, deren abgesprengter Boden durch eine (mit umgebogenem Rande versehene) Metallplatte ersetzt ist. Oben ist die Flasche durch einen Ebonitpfropf geschlossen, durch den ein polierter und vernickelter Messingstab geführt ist, an welchen unten eine kleine und oben eine grössere (vernickelte) Kugel aufgeschraubt ist. An diesen Leitungsstab sind im Inneren der Flasche zwei kleine Bügel aus feinem glattem Neusilberdraht befestigt, und an diese sind zwei Streifen aus rotem Seidenpapier angehängt, die sich leicht in den Bügel drehen können. Am unteren Ende tragen die schmalen Papierblättchen eine rechtwinklig umgebogene Verbreiterung, welche es gestattet, die Stellung der Blättchen aus grösserer Entfernung zu erkennen.

Ich berühre den Kopf (die obere Kugel) des Elektroskopes mit dem elektrisierten Glasstabe — Sie sehen die Blättchen auseinandergehen (Fig. 3, B), und auch nach Entfernung des Glasstabes ihre Stellung beibehalten. Das Elektroskop ist geladen. Leitungsfähigkeit.

Berühre ich nun den Kopf oder den Ableitungsdraht mit dem Finger, so fallen die Blättchen sofort zusammen. Ganz dasselbe geschieht, wenn ich Stäbe aus Metall, feuchtem Holz oder Speckstein an dem einen Ende fasse und mit dem anderen Ende das Elektroskop (wie oben) berühre. — Jetzt berühre ich das wieder geladene Elektroskop mit einem Fischbeinstäbchen — die Blättchen senken sich langsam! Dasselbe geschieht bei einer Berührung mit lufttrockenem Holz, Papier u. s. w. — Berühre ich dagegen das geladene Elektroskop mit einem unelektrischen Ebonitstäbchen, so tritt keine Wirkung ein! Dasselbe ist der Fall bei einer Siegellackstange, einem Streifen Glimmer, Seidenfaden u. a.

Offenbar leiten diese Stoffe die Elektricität verschieden gut. — Zur Kontrolle wollen wir den Versuch in etwas abgeänderter Form wiederholen.

Ich lege auf die in entsprechende Löcher der Kugeln gesteckten Häkchen (a_1 und a_2 Fig. 4) einen Messingdraht (m) und elektrisiere das eine Elektroskop (A) durch Berührung mit dem elektrischen Stabe. Sie sehen — in demselben Augenblick sind beide Elektroskope geladen und zeigen nach Entfernung des Stabes einen gleich grossen Ausschlag der Blättchen. Diesen Ausschlag bezeichnet man auch als Divergenz. Ich kann hierbei den Verbindungsdraht (m) aus beliebigem Metall und so lang nehmen, als ich will. Hieraus erkennen wir, dass die Metalle *gute Leiter* der Elektricität sind; ebenso der Speckstein. Zusammenhang zw. Elektrisierbarkeit und Leitungsfähigkeit.

Jetzt ersetze ich den Metalldraht (m, Fig. 4) durch ein langes Fischbeinstäbchen und lade das Elektroskop A wie vorhin — das Elektroskop B wird langsam geladen und erreicht nicht ganz den Ausschlag des Elektroskopes A. Derselbe Erfolg tritt ein, wenn ich statt des Fischbeinstäbchens einen zusammengerollten Papierstreifen oder ein Stück trockenes Holz verwende.

Wende ich längere Stäbe aus diesen Materialien an, so dauert es länger, bis das Elektroskop B geladen wird und der maximale Ausschlag, den es zeigt, wird kleiner. Hieraus folgt, dass Fischbein, trockenes Holz u. s. w. *schlechte Leiter* (Halbleiter) der Elektricität sind.

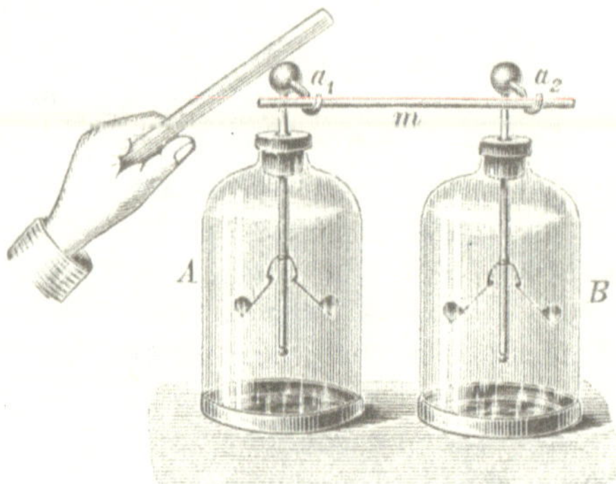

Fig. 4.

Verbinde ich endlich beide Elektroskope durch ein Stäbchen aus Ebonit, Siegellack, Flintglas, einen Streifen Glimmer, Seidenfäden u. s. w., so erfolgt gar keine Ladung des Elektroskopes B, d. h. diese Stoffe sind *Nichtleiter* oder *Isolatoren*[3]) der Elektricität.

Ein eigentümliches Verhalten zeigt gewöhnliches Glas. Einige Sorten isolieren recht gut (hierzu gehören manche grüne Flaschen), andere leiten besser als Fischbein. Wir kommen hierauf später zurück.

---

[3]) Vollkommene Isolatoren giebt es nicht, doch ist die Leitungsfähigkeit der von uns so genannten Stoffe so gering, dass wir dieselbe nur mit den allerfeinsten Hülfsmitteln nachweisen können. Für unsere Versuche können wir diese Körper als wirkliche Isolatoren betrachten.

Wir erkennen jetzt, dass die von Gilbert „elektrisch“ genannten Körper die Isolatoren sind. Wie steht es aber nun mit der Elektrisierbarkeit der Leiter?

Sie sehen hier eine dicke Platte aus Speckstein (Talk). An der einen Breitseite befindet sich ein sich schwach verjüngendes (konisches) Loch, in welches ein Ebonitstab fest hineinpasst. Ich fasse den isolierenden Handgriff am freien Ende und peitsche den Speckstein mit dem Fuchsschwanz. Hören Sie? — bei Annäherung des Fingers springen knisternde Funken über! Ich nähere den Speckstein dem elektrischen Pendel (Fig. 1 S. 3) — und die Kugeln werden stark angezogen! Der gut leitende Speckstein wird durch Reiben stark elektrisch, wenn er vor der Berührung mit der Hand durch einen isolierenden Griff geschützt ist.

Wiederholen wir den Versuch mit einer ebenfalls durch einen eingesetzten Ebonitstab isolierten Metallplatte — am genäherten Finger ist kaum ein Knistern wahrzunehmen, aber die Kugeln des elektrischen Pendels werden angezogen und ein berührtes Elektroskop wird geladen. Isolierte Stäbe aus Fischbein und anderen Halbleitern lassen sich ebenso elektrisieren, d. h.: *Alle gehörig isolierten Körper können durch Reiben (oder durch Berührung mit elektrischen Körpern) elektrisch werden*[4]).

Wir sehen, die Einteilung der Körper in „elektrische“ und „unelektrische“ beruhte auf einem Irrtum.

Bei der grossen Wichtigkeit, welche Glas für die Herstellung elektrischer Apparate hat, möge es mir gestattet sein, einen Augenblick bei dem auffallenden Verhalten des gewöhnlichen Glases zu verweilen. **Verhalten verschiedener Glassorten.**

Ich berühre mit diesem Glasstabe, der einige Zeit auf dem Tische gelegen hat, das geladene Elektroskop — die Blättchen fallen ziemlich rasch zusammen, d. h. das Glas leitet! Jetzt halte ich den Glasstab auf einige Sekunden in die Flamme einer Spirituslampe — es leitet nicht mehr. Nun tauche ich den Stab in reines Wasser und lasse die anhängenden Wassertropfen ablaufen — es leitet besser, als zuvor; auch das Abwischen mit einem trockenen Tuch hilft wenig, denn eine un-

[4]) Hieraus wird uns auch die Rolle klar, welche der Seidenfaden beim elektrischen Pendel und der Ebonitpropf beim Elektroskop spielt.

sichtbare Wasserhaut ist zurückgeblieben. Beim Liegen an der Luft hatte sich durch den Niederschlag der atmosphärischen Feuchtigkeit eine Wasserhaut gebildet und war in der Spiritusflamme verdampft. Offenbar findet zwischen diesem (Natron-) Glase und dem Wasserdampf der Luft eine Anziehung statt. Das gewöhnliche Glas ist oft hygroskopisch.

Jetzt tauche ich den Stab aus englischem Flintglase in reines Wasser und berühre das geladene Elektroskop — Sie sehen, der Flintglasstab leitet nicht, wiewohl noch Wassertropfen daran hängen. Betrachten Sie den Stab genauer, so bemerken Sie, dass das Wasser keine gleichmässige Schicht bildet, sondern sich in einzelne unter sich nicht zusammenhängende Tropfen zusammengezogen hat. Das englische Flintglas wird also vom Wasser nicht benetzt, es ist nicht hygroskopisch. Daher seine ausgezeichnete Isolierfähigkeit. — Da der hohe Preis des englischen Flintglases die allgemeine Verwendung desselben zu elektrischen Apparaten unmöglich macht, so sucht man die hygroskopische Oberfläche des gewöhnlichen Glases vor dem Beschlagen mit der atmosphärischen Feuchtigkeit dadurch zu schützen, dass man das genügend getrocknete und erwärmte Glas mit einem nicht hygroskopischen Überzuge versieht. Darum werden Sie meistens die isolierenden Glasteile elektrischer Apparate mit Schellackfirnis überzogen sehen.

Bisher haben wir uns darauf beschränkt, die Elektrisierbarkeit und die Leitungsfähigkeit der festen Körper in ihrem ursächlichen Zusammenhange zu untersuchen. Jetzt wollen wir einen Schritt weiter gehen und die Elektricitäten der verschiedenen Körper mit einander vergleichen.

An diesem elektrischen Pendel (Fig. 5) sehen Sie zwei verschieden gefärbte Kugeln aus Sonnenblumenmark. Ich lade die rote Kugel (r) mit dem Glasstabe und die grüne (g) mit dem Ebonitstabe. Nähere ich nun den Glasstab beiden Kugeln gleichzeitig (Fig. 5), so wird die glaselektrische rote Kugel abgestossen, dagegen die mit dem Ebonitstabe geladene grüne Kugel angezogen. (In Fig. 5 ist die ursprüngliche Stellung der Kugeln punktiert angegeben.)

Nähere ich statt des Glasstabes den Ebonitstab, so wird umgekehrt — die rote Kugel angezogen und die grüne abgestossen. In beiden Fällen findet eine Anziehung zwischen dem genäherten Stabe und der mit dem anderen Stabe geladenen Kugel statt (dagegen tritt, wie schon früher beobachtet, eine Abstossung ein zwischen einem Stabe und der von ihm berührten Kugel). Wir müssen also annehmen, dass in dem Glasstabe und dem Ebonitstabe *zwei verschiedene Elektricitäten* hervorgerufen sind, zwischen denen Anziehung stattfindet. Damit ist die auffallende Erscheinung bei den Metallblättchen (Fig. 1) erklärt.

Wieviel verschiedene Arten von Elektricität mag es wohl geben?

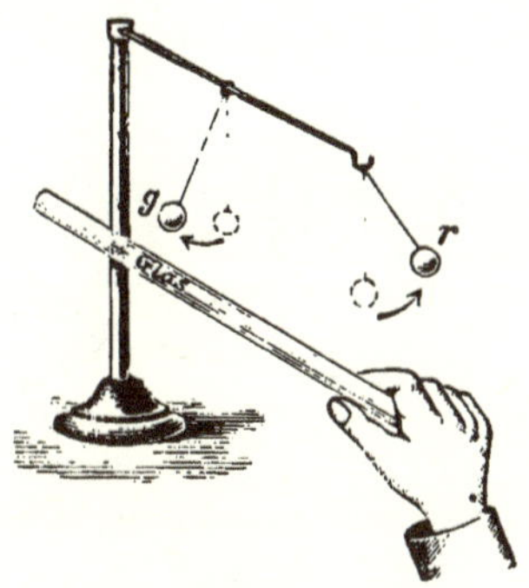

Fig. 5.
$^1/_{10}$ natürl. Grösse.

Ich entlade beide Pendelkugeln und lade die eine vermittelst der an einem isolierenden Griff befestigten und mit einem Fuchsschwanz geriebenen Specksteinplatte, die andere mit einer Harzstange (Siegellack). Der den Pendeln genäherte Glasstab zieht beide Kugeln an, der Ebonitstab stösst beide ab, d. h. die im Speckstein und dem Harz durch Reiben hervorgerufenen elektrischen Zustände sind denen des Ebonits völlig gleich. Laden wir dagegen die Pendel mit einer Glimmerplatte oder einem Bergkrystall, die ich ebenfalls mit dem Fuchsschwanz reibe, so verhalten sich die Pendel genau so, als wären sie mit dem Glasstabe elektrisirt worden. — So viele Körper wir auch in das Bereich unserer Untersuchung ziehen, immer erhalten wir dasselbe Resultat: *Es giebt zwei,* **Es giebt nur zwei Elektricitäten.**

und nur zwei verschiedene Elektricitäten (Dufay 1733). Man bezeichnete beide Elektricitäten als Glaselektricität und Harzelektricität, oder nach dem Vorschlage Franklins (1747) als positive Elektricität (+ E) und negative Elektricität (— E). Als Gesetz gilt:

Gleichnamige Elektricitäten stossen sich ab, ungleichnamige ziehen sich an!

Sie werden nun fragen: Wie steht es mit dem zum Reiben benutzten Stoffe, dem sogenannten Reibzeug? Diese Frage ist ganz am Platz und wir wollen sie sogleich erledigen.

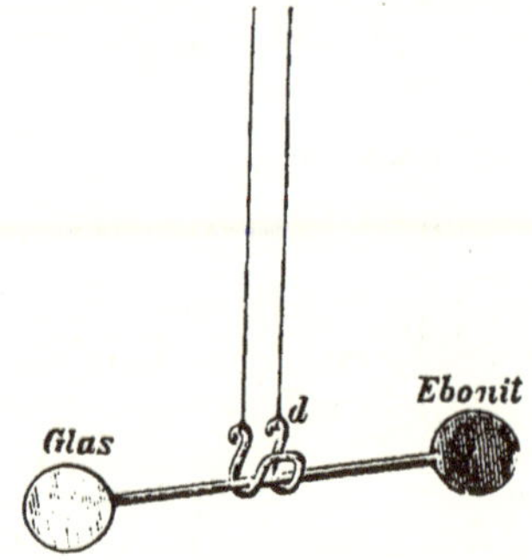

Fig. 6.
Elektrische Nadel von Wiedemann. 1/10 natürl. Grösse.

Besonders geeignet für diesen Zweck ist die elektrische Nadel (Fig. 6.) Hier sehen Sie zwei dünne, hohle, also recht leichte Ebonitröhren. In die eingesägte Kerbe ist bei dem ersten Stabe an dem einen Ende eine runde Glasscheibe, am anderen eine ebensogrosse Ebonitplatte vermittelst Siegellack festgekittet. Beim zweiten Stabe sind in gleicher Weise zwei dünne Holzbrettchen befestigt, von denen das eine mit amalgamiertem Leder, das andere mit Katzenfell überzogen ist.

Blicken Sie zur Decke dieses Zimmers auf, so werden Sie an ihr eine Holzleiste bemerken, in welche ein Doppelhaken eingeschraubt ist. Von diesem hängen zwei Seidenfäden herab, die einen Drahtbügel (d, Fig. 6) tragen. — Jetzt reibe ich die Glasscheibe mit dem amalgamierten Leder, die Ebonitplatte am Katzenfell und hänge den Stab mit den beiden Platten so im Bügel auf, dass die elektrische Nadel horizontal steht.

Nähere ich das amalgamierte Leder der elektrischen Nadel, so wird die Ebonitplatte abgestossen, und die Glasplatte angezogen, mithin ist das amalgamierte Leder negativ elektrisch (— E); das Katzenfell dagegen stösst die Glasscheibe ab und zieht die Ebonitplatte an, ist also positiv elektrisch (+ E). Jetzt streiche ich mit dem amalgamierten Leder über den Speckstein. Dieser wird negativ und das amalgamierte Leder positiv elektrisch, während es beim Reiben mit Glas — E zeigte. Wir sehen hieraus folgendes:

1. Der geriebene Körper und das Reibzeug haben entgegengesetzte Elektricität.

2. Ein Körper B, der mit dem Körper A gerieben negativ elektrisch wird, kann mit dem Körper C gerieben positiv elektrisch werden.

So wird z. B. Ebonit mit Raubtierfellen, Wolle u. a. gerieben negativ, dagegen mit amalgamiertem Leder gerieben, positiv elektrisch. Sogar die Oberflächenbeschaffenheit der Körper übt unter Umständen einen Einfluss aus. Rauhe Flächen neigen mehr dazu, negativ elektrisch zu werden, als glatte. (Poliertes Glas mit Flanell gerieben erhält + E, mattes dagegen — E; glattgeschliffene Ebonitflächen zeigen mit gewissen Ledersorten oder mit Albuminpapier gerieben + E, während rauhe Flächen auch jetzt noch — E zeigen.)

Wenn wir eine grössere Anzahl von Körpern aneinander reiben und sie dann so ordnen, dass an das eine Ende der Reihe der Körper zu stehen kommt, welcher mit allen folgenden gerieben, stets + E zeigt, und die Reihe mit dem Körper schliessen, der mit allen vorhergehenden gerieben nur — E annimmt, so können wir die übrigen Körper so einfügen, dass jeder Körper mit dem in der Reihe vorhergehenden gerieben negativ, mit dem folgenden aber positiv elektrisch wird. Auf diese Weise erhalten wir die sogenannte

Spannungsreihe:

+ engl. Flintglas, Glimmer, Raubtierfell, gewöhnl. Glas, Flanell, mattes Glas, Seide, Baumwolle, Lein, ... Metalle, Kork, Harze, Ebonit, amal. Leder, Speckstein —

Im allgemeinen werden zwei Körper beim Reiben um so stärker elektrisch, je weiter sie in der Spannungsreihe von einander abstehen, also am stärksten die Endglieder, doch ist unter sonst gleichen Umständen, ein biegsames Reibzeug bei einem starren Reiber wirksamer. Daher ist das beste Reibzeug für Glas das amalgamierte Leder und für Speckstein oder Ebonit ein Raubtierfell.

* * *

Wir wollen jetzt die Wirkung untersuchen, welche beide Elektrizitäten auf einander haben.

Ich lade das eine Elektroskop (A), vermittelst des elektrisierten Glasstabes, mit + E, das andere (B), vermittelst des

Fig. 7.
Erkennung von + E und — E am Elektroskop.

elektrisierten Ebonitstabes, mit — E. Nähere ich jetzt den Glasstab von oben den beiden Elektroskopen gleichzeitig, so sehen Sie (Fig. 7): Die Blättchen des mit dem Glasstabe gleichnamig (+ E) geladenen Elektroskopes A gehen noch weiter auseinander, die des ungleichnamig (mit — E) geladenen Elektroskopes B fallen zusammen! (In Fig. 7 ist die ursprüngliche Lage der Blättchen punktiert, die spätere durch ausgezogene Linien bezeichnet.)

Dasselbe findet statt, wenn wir den elektrisierten Ebonitstab, statt des Glasstabes, nähern, nur tauschen die beiden Elektroskope ihre Rollen.

Auf diese Weise haben wir ein bequemes Mittel gefunden, um die Art der Elektricität eines beliebigen Körpers zu bestimmen. Wir brauchen nur den zu prüfenden Körper langsam[5]) einem mit bekannter Elektricität geladenen Elektroskop zu nähern: *Bewirkt die langsame Annäherung des Probekörpers eine Vergrösserung des Ausschlages der Blättchen, so hat der Probekörper dieselbe Elektricität, wie das Elektroskop,* dagegen die entgegengesetzte Elektricität, wenn die Blättchen zusammenfallen[6]).

Oft kann es wünschenswert sein, die Art der Elektricität eines schon geladenen Elektroskopes zu erkennen. In diesem Falle werden wir natürlich einen Körper von bekannter Elektricität langsam dem Elektroskop nähern. Unsere Regel bleibt dieselbe.

Ich lade beide Elektroskope mit + E, so dass die Ausschläge gleich sind und verbinde die beiden Kugeln durch einen feinen Draht, der in der Mitte einen isolierenden Handgriff hat — Sie sehen keine Wirkung. Dasselbe ist der Fall, wenn beide Apparate gleich stark mit — E geladen sind, d. h.: Werden zwei gleiche Elektroskope mit Elektricität derselben Art gleich stark geladen, so geht keine Elektricität von dem einen auf den anderen Körper über.

Ich lade nun das Elektroskop A mit + E und das andere mit — E, und zwar so, dass der Ausschlag (die „Divergenz") der Blättchen bei beiden gleich gross wird. Da beide Apparate ganz gleich gebaut sind, so dürfen wir annehmen, dass beide Elektroskope gleichviel Elektricität enthalten. Ich nehme $\pm E = 0.$

---

5) Die langsame Annäherung des Probestabes ist wichtig, weil wir sonst, bei Anwendung eines zu stark entgegengesetzt-elektrischen Körpers, das anfängliche Zusammenzucken der Blättchen leicht übersehen und das bei weiterer Annäherung erfolgende Weiterauseinandergehen derselben falsch deuten könnten.

6) Das Auseinandergehen der Blättchen bildet (bei sorgsamer Ausführung!) ein zuverlässigeres Kriterium, als das Zusammenfallen, indem schon die Annäherung eines unelektrischen Leiters, z. B. der Hand, ein geringes Zusammenfallen der Blättchen bewirken kann. Der Grund dafür wird uns später, durch die Influenzerscheinungen, klar werden.

wieder den isolierten Draht (d, Fig. 8) und berühre damit beide Elektroskopkugeln, wodurch eine leitende Verbindung zwischen den beiden entgegengesetzt elektrischen Körpern hergestellt ist — Sie sehen: Bei beiden Elektroskopen sind die Blättchen

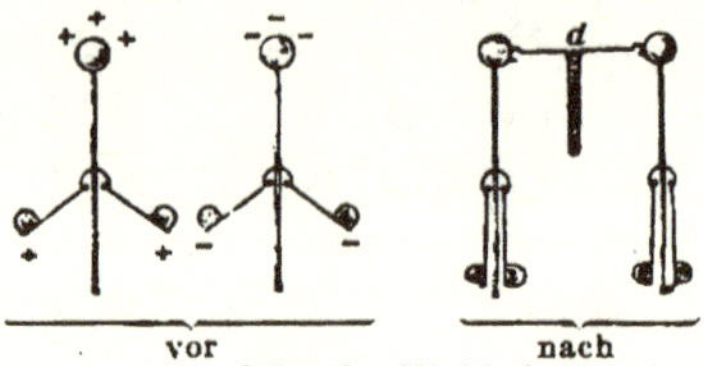

Fig. 8.

ganz zusammengefallen, d. h. die Apparate sind unelektrisch geworden. Wir sehen hieraus: *Gleiche Mengen positiver und negativer Elektricität heben sich auf (neutralisieren sich)*, was wir kurz so ausdrücken können

$$\pm E = 0.$$

II. Vortrag.

Sitz der Elektricität auf einem isolierten Leiter, Bedingung für die vollständige Abgabe der Elektricität einer Probekugel an das Elektroskop, Aichung des Elektroskops; Analogie zwischen Elektroskop und Thermoskop; Das Aluminiumelektrometer; Aichungsskala, Versuche am Kegelkonduktor; Verschiedenheit der elektrischen Dichte auf ungleich gekrümmten Oberflächenteilen; Konstanz des elektroskopischen Zustandes; Verteilung der elektrischen Dichte auf einem isolierten Leiter in Beziehung zur Krümmung der Oberflächenteile; Spitzenwirkung; Entladungsfähigkeit der Flammen.

Die erste Tagereise haben wir zurückgelegt! Ein Wanderer, der sich den eingeschlagenen Weg merken will, thut wohl daran, von Zeit zu Zeit einen Blick rückwärts zu werfen, auf die Windungen des Pfades zu achten und besonders charakteristische Stellen dem Gedächtnis einzuprägen. So wollen auch wir bei unserer Wanderung durch das noch vielfach unerforschte Gebiet der Elektricität von Zeit zu Zeit zurückblicken und die wichtigsten der beobachteten Erscheinungen an unserem geistigen Auge vorüberziehen lassen.

Wir erkannten neulich: Rückblick.

1. Alle Körper werden beim Reiben oder durch Berührung mit elektrischen Körpern elektrisch, jedoch müssen Leiter vorher isoliert werden, damit sie die gewonnene Elektricität behalten. Auf die Stärke der beim Reiben erzeugten elektrischen Ladung hat die Beschaffenheit des Reibzeugs einen wesentlichen Einfluss. Je weiter Reiber und Reibzeug in der elektrischen Spannungsreihe auseinanderstehen, um so grösser ist im allgemeinen die Wirkung.
2. Wird ein elektrisierter Leiter in leitende Verbindung mit der Erde gebracht, die selbst ein Leiter ist — etwa so, dass man ihn mit der Hand berührt — so wird er entladen, d. h. unelektrisch gemacht. Ist hingegen der berührende Leiter isoliert, so geht ein Teil der elektrischen Ladung vom elektrisierten Körper auf den unelektrischen

Leiter über, der dadurch selbst elektrisch wird (Ladung durch Mitteilung); sind zwei Körper gleich stark elektrisch geladen, so geht bei gegenseitiger Berührung keine Elektricität von einem Körper zum anderen über.

3. Es giebt nur zwei verschiedene elektrische Zustände, die sich entgegengesetzt sind, indem gleiche Mengen + E und — E auf einen Körper gebracht, sich in ihrer Wirkung aufheben ($\pm E = 0$). Reiber und Reibzeug haben immer entgegengesetzte Elektricität. Beim Reiben erhält das englische Flintglas positive und die Harze (noch sicherer Speckstein) negative Elektricität. — Bewirkt die langsame Annäherung eines elektrischen Körpers an ein geladenes Elektroskop eine Vergrösserung des Ausschlages der Blättchen, so hat der Körper dieselbe Elektricität, wie das Elektroskop, dagegen die entgegengesetzte, wenn die Blättchen zusammenfallen (Probe). Gleichnamig elektrische Körper stossen sich ab, ungleichnamig elektrische ziehen sich an.

* * *

Wir wollen uns jetzt die Frage vorlegen: Wo ist der Sitz der Elektricität bei einem elektrisierten Körper?

Da, wie wir wissen, die Isolatoren die Elektricität nicht fortleiten, so ist es wahrscheinlich, dass bei ihnen die Elektricität dort verharren wird, wo sie durch Reibung erzeugt oder durch Mitteilung hingelangt war, d. h. an den Berührungsstellen. Ist diese Voraussetzung richtig, so wird die Entladung eines elektrisierten Isolators bei Berührung mit der Hand auch nur an der Berührungsstelle stattfinden. Davon können wir uns leicht durch einen Versuch überzeugen.

Ich lade ein Elektroskop mit dem elektrisierten Flintglasstabe — bei der Annäherung des Stabes gehen die Blättchen weiter auseinander und zeigen damit an, dass der Stab elektrisch ist. Nun berühre ich den Stab, indem ich die elektrische Oberfläche mit der Hand umfasse — Sie sehen, die nicht unmittelbar berührten Oberflächenteile erweisen sich noch als stark elektrisch. Jetzt versuche ich den Glasstab durch wiederholtes Anfassen ganz zu entladen — es will jedoch nicht recht gelingen! Um ihn ganz unelektrisch zu machen, muss ich ihn durch eine Spiritusflamme[1]) ziehen, oder über derselben hin- und herwenden. (Diese entladende Wirkung der Flamme wollen wir später genauer untersuchen.)

Wo ist nun aber der Sitz der Elektricität bei einem, natürlich isolierten, Leiter?

Hier sehen Sie (A, Fig. 9) ein feinmaschiges, biegsames Drahtnetz (N), welches durch den Ebonitständer (i) isoliert ist. An diesem Netz sind beiderseits bewegliche Papierstreifen angebracht, die auf der einen Netzseite rot, auf der anderen grün sind. Vermittelst der isolierenden Handgriffe (g_1 und g_2) kann ich das Netz nach Belieben biegen. — Jetzt lade ich das Netz

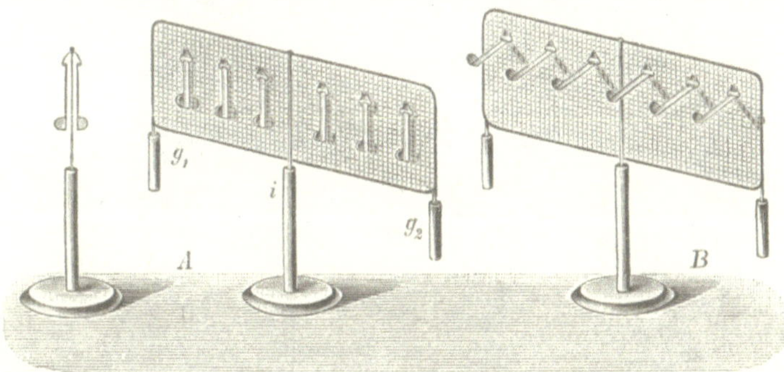

Fig. 9.
Isoliertes Drahtnetz mit beweglichen Papierblättchen nach Vanderfliet, modificiert.
1/10 natürl. Grösse.

vermittelst des Flintglasstabes, indem ich ihn an den oberen Netzrand drücke und ihn so abziehe, dass möglichst viele Oberflächenpunkte des Glasstabes mit dem Netzrande in Berührung kommen — Sie sehen, wie alle Blättchen sich heben, und jetzt, wo die Netzfläche eben ist, auf beiden Seiten gleich grosse Ausschläge zeigen (B, Fig. 9).

Nun bitte ich Sie, Ihre Aufmerksamkeit auf die Ihnen zugekehrten roten Blättchen zu richten! Ich ergreife die beiden

[1]) Zum Entladen eines Isolators kann jede nicht russende Flamme dienen (s. d. Schluss dieses Vortrages). Da der Russ die Elektricität leitet, so ist eine Ablagerung desselben auf Körpern, die als Isolatoren dienen sollen, durchaus zu vermeiden; und zwar umsomehr, als er sich von etwas rauhen Flächen meist nur durch sorgsames Waschen ganz entfernen lässt.

isolierenden Handgriffe (g_1 und g_2) und biege das Netz — Ihnen die hohle Seite zuwendend — allmählich zu einem Hohlcylinder zusammen. Sie bemerken, wie die roten Blättchen, die sich in dem entstehenden Hohlraum befinden, allmählich sich senken und — noch bevor die beiden Kanten des Netzes sich berühren — ganz zusammenfallen (A, Fig. 10), während die aussen befindlichen grünen Blättchen einen bedeutend grösseren Ausschlag zeigen, als vorhin! Nun biege ich den Cylinder langsam auf — die roten Blättchen heben sich allmählich wieder, während die grünen sich senken. Bei ebener Stellung des Netzes ist der Ausschlag der roten und grünen Blättchen wieder gleich (wie bei B, Fig. 9). Ich biege das Netz weiter, so dass

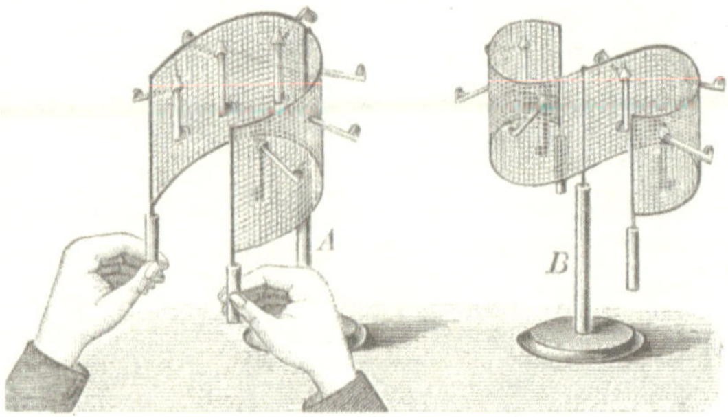

Fig. 10.
Demonstration der elektrischen Verteilung. 1/10 natürl. Grösse.

jetzt die roten Blättchen auf der erhabenen (convexen) Seite liegen — Sie sehen dieselben sich noch weiter heben, während die grünen sich senken und schliesslich ganz zusammenfallen! Wir erkennen hieraus: Die elektrische Ladung ist bei ebener Stellung des Netzes auf beiden Seiten gleich verteilt, sobald aber das Netz gekrümmt wird, wandert die Ladung von der hohlen (concaven) Seite auf die convexe, die äussere Fläche, d. h.:

Der Sitz der Elektricität auf einem isolierten Leiter ist die äussere Oberfläche desselben, im Inneren eines (nahezu geschlossenen) hohlen Leiters giebt es keine freie Elektricität! Das ist ein sehr wichtiges Gesetz.

Ganz interessant ist die Notwendigkeit, die sich hieraus für ein ∽förmig gebogenes Netz ergiebt. Es muss, da die beiden

Längsseiten des Netzes zugleich hohl und erhaben sind, die elektrische Ladung auf beiden Flächen des Netzes, aber nur auf den erhabenen Teilen auftreten. Ich gebe dem Netz diese Form — und Sie sehen, das ist thatsächlich der Fall (B, Fig. 10). Hierbei schneidet die Grenze der freien Elektricität das Netz in der Mitte, wo die eine Krümmung in die andere übergeht (im sogenannten Flexionspunkt).

Stellen wir uns vor, dass die elektrische Ladung eines Körpers aus kleinsten elektrischen Teilchen besteht — was jedoch nur als ein bildlicher Vergleich gelten darf —, so lässt

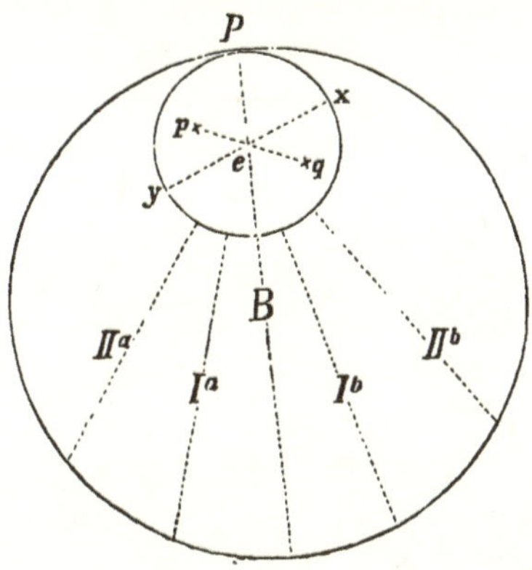

Fig. 11.

sich eine einfache Erklärung der beobachteten Erscheinungen auf Grund der abstossenden Kraft gleichnamig elektrischer Teilchen aufstellen.

Denken wir uns zunächst, dass alle elektrischen Teilchen im Inneren eines massiven, kugelförmigen Körpers gleichmässig verteilt seien, und fassen wir ein beliebig gewähltes Teilchen *e* (Fig. 11) ins Auge, dessen Abstand von der Oberfläche = a ist. Was wird dann geschehen? Offenbar wird das elektrische Teilchen e von allen benachbarten gleichnamig elektrischen Teilchen abgestossen. Innerhalb des mit dem Halbmesser a gezogenen Kreises werden sich aber immer zwei gleich weit entfernte, aber entgegengesetzt gelegene Teilchen finden, z. B. p und q, oder x und y u. s. w., d. h.: Die Wirkung aller um e herum innerhalb dieses Kreises liegenden elektrischen Teilchen Lenz'sche Erklärung.

muss sich in Bezug auf e völlig aufheben. Nun bleibt aber noch die abstossende Wirkung der Teilchen übrig, welche ausserhalb des Kreises[8]) a liegen. Wie leicht ersichtlich, werden alle in der Linie B liegenden Teilchen auf e eine abstossende Kraft in der Richtung B P ausüben. Je zwei symmetrisch liegende Reihen, wie I^a und I^b oder II^a und II^b, werden, zusammenwirkend, nach dem Gesetz von dem Parallelogramm der Kräfte eine resultierende Kraft erzeugen, welche ebenfalls in der Richtung B P auf e abstossend wirkt. Mithin muss das elektrische Teilchen unter der Wirkung aller abstossenden Kräfte soweit in der Richtung B P bewegt werden, bis es nicht weiter kann, d. h. bis zur Oberfläche des Leiters B. — Da das Gesagte ebenso für jedes andere elektrische Teilchen gilt, so müssen sich alle elektrischen Teile aus dem Inneren des Leiters auf dessen Oberfläche begeben (Lenz).

* * *

Aus diesem von uns gefundenen Gesetz über die Ausbreitung der Elektricität auf einem isolierten Leiter ergeben sich nun einige wichtige Folgerungen:

1. Eine metallene Hohlkugel kann ebensoviel Elektricität aufnehmen, wie eine massive Kugel von gleicher Grösse.
2. Ein elektrisierter Leiter, welchen wir in das Innere eines metallenen Hohlkörpers bringen, muss — bei Berührung mit der Innenwand — seine ganze Ladung an die umschliessende Metallhülle abgeben.

Das erste Gesetz erlaubt uns, einen zur Ansammlung von Elektricität dienenden isolierten Leiter (einen sogenannten „Konduktor") hohl, also möglichst leicht herzustellen, ohne dass seine Wirkung deshalb geringer würde. — Von dem zweiten Gesetz werden wir bald eine wichtige Anwendung machen; vorher will ich Ihnen noch zeigen, welchen Einfluss die

---

[8]) Eigentlich haben wir uns unter A und a Kugeln vorzustellen. Die Zeichnung Fig. 11 stellt also einen Querschnitt dar. Die für beide Kreisflächen gefundenen Beziehungen zwischen den elektrischen Teilchen gelten aber auch für die Kugeln.

Vergrösserung der Oberfläche eines elektrisierten Leiters auf die elektrische Dichte hat.

In eine hohle Ebonitröhre (R, Fig. 12), die mit einem Gummi-Blasebalg verbunden ist (wie bei den Pulverisatoren), ist ein Metallrohr (m) eingeschoben, das mit 2 beweglichen Papierstreifchen versehen ist. Tauche ich nun die etwas erweiterte Mündung des Metallröhrchens in eine Seifenlösung und elektrisiere sie nach dem Herausheben so stark, dass die Blättchen fast horizontal abstehen, so wird — wenn ich Luft durch die Röhre einblase — eine Seifenblase entstehen, und Sie sehen,

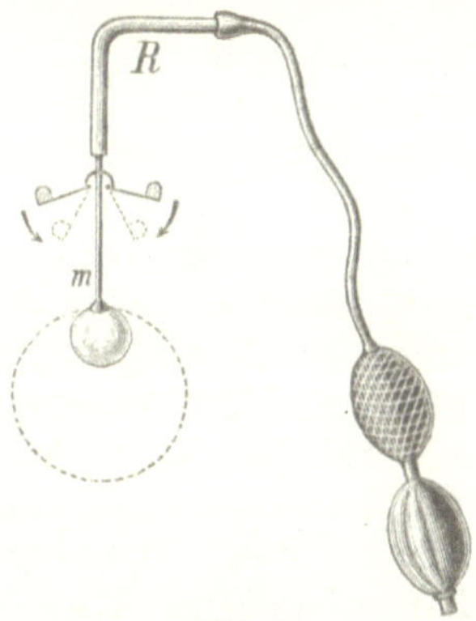

Fig. 12.
Seifenblasen-Apparat zum Nachweis der elektrischen Dichte. $^1/_{10}$ natürl. Grösse.

je grösser die Seifenblase wird, um so kleiner wird der Ausschlag der Blättchen! Löse ich vorsichtig den Gummischlauch von der Ebonitröhre, so tritt Luft aus, die Seifenblase zieht sich zusammen und in demselben Maasse wächst der Ausschlag der Blättchen. Da dieselbe Elektricitätsmenge sich beim Anwachsen der Seifenblase auf eine grössere Fläche verteilen muss, so kommt auf ein bestimmtes Flächenstück, z. B. 1 qcm, weniger Elektricität als vorher, die Elektricität ist gewissermaassen weniger dicht gelagert. Es folgt hieraus: Bei gleichbleibender Ladung nimmt die elektrische Dichte eines Körpers in dem Maasse ab, als seine Oberfläche vergrössert wird! Interessant ist nun die Frage: Wie lagert sich die Elektricität auf einem isolierten Leiter, der nicht kugelförmig ist, also an verschiedenen Stellen verschiedene

Krümmungen aufweist? Ehe wir an die Beantwortung dieser Frage gehen können, müssen wir uns nach einem geeigneten Messapparat umsehen.

In dem Bestreben der Elektricität, sich stets auf die äussere Oberfläche eines Leiters zu begeben, haben wir ein vortreffliches Mittel, um die ganze Ladung eines kleinen Leiters, z. B. einer kleinen Metallkugel, welche an einem genügend langen Ebonitstäbchen befestigt ist, auf ein Elektroskop zu übertragen, indem wir die Probekugel mit der Innenwand einer auf das Elektroskop geschraubten metallenen Hohlkugel in Berührung bringen.

Gelingt es uns auch noch, eine Elektricitätsquelle von möglichst beständiger Ladungsstärke aufzufinden, so werden wir in den Stand gesetzt, für 1, 2, 3 . . . n gleiche Ladungen der Probekugel den zugehörigen Ausschlagswinkel der Blättchen zu beobachten, und wenn das Elektroskop mit einer Skala versehen ist, abzulesen oder, was noch bequemer ist, eine neue Skala herzustellen, wo der Stand des Blättchens bei 1, 2, 3 . . . n Ladungen der Probekugel bezeichnet ist.

Vergleich zwischen Elektroskop und Thermoskop.

Auf diese Weise können wir den durch die jeweilige Stellung des Blättchens angegebenen Ladungsgrad oder Elektricitätsgrad des Elektroskopes in — *vorläufig willkürlichen* — Einheiten der Elektricität angeben! Dann wird uns das Elektroskop das für die Elektricitätsmessung sein können, was — vor der Entdeckung der festen Temperaturpunkte (Gefrierpunkt und Siedepunkt des Wassers) — das *Thermoskop* den Physikern, vor Fahrenheit und Réaumur, für die Wärmemessung war. Wie das mit einer Zoll- oder einer Millimeterskala versehene Thermoskop sehr wohl dazu dienen kann, Differenzen des Wärmezustandes (d. h. der Temperatur) mit einander zu vergleichen, so wird uns das geaichte (kalibrierte) Elektroskop in den Stand setzen: Differenzen des Elektricitätsgrades oder des „elektrischen Zustandsgrades" mit einander zu vergleichen. Mehr brauchen wir vorläufig nicht.

Da die Papierelektroskope zu unempfindlich sind, um kleine Elektricitätsgrade anzuzeigen, so wollen wir das Aluminiumelektrometer (Fig. 13) benutzen, das im Wesentlichen ähnlich gebaut ist, bei dem aber an Stelle der zwei Papierblättchen ein einziges Blättchen aus feiner Aluminiumfolie angebracht ist, wodurch die Empfindlichkeit des Apparates etwa auf das 50fache gesteigert ist. In der Schwingungsebene des Aluminiumblättchens ist eine auf Glimmer geritzte Gradskala angebracht. Das Gehäuse ist hier ein Blechkasten, dessen Wände aus Spiegelglas bestehen. Die Seitenwände sind mit Drahtnetz bedeckt.

Sie werden aus einiger Entfernung kaum mehr im Stande sein, das feine Aluminiumblättchen deutlich zu sehen, daher

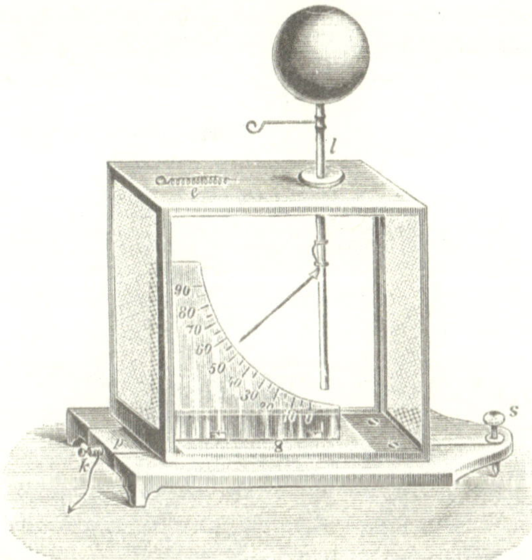

Fig. 13.
Aluminium Elcktrometer mit eingesctzter Gradskale. 1/4 natürl. Grösse.

wollen wir das Zimmer verdunkeln und vermittelst einer Lampe, einer Beleuchtungs- und einer grossen Projektionslinse ein stark vergrössertes Bild vom Blättchen und der Skala auf einem grossen weissen Schirm entwerfen[10]), sodass Sie bequem von Ihren Plätzen aus die Stellung des Blättchens ablesen können. (Fig. 15 zeigt Ihnen die Versuchsanordnung. Auf dem Schirme ist bereits die w. u. angegebene Aichungsskala entworfen.)

[10]) Bei allen Versuchen mit dem Elektrometer ist im Folgenden die Anwendung der Projektion vorausgesetzt, auch wenn es im Text nicht weiter hervorgehoben wird.

Da die Projektionslampe das Zimmer genügend erhellt, um alle Gegenstände deutlich zu sehen, so können Sie auch leicht meinen bei den folgenden Versuchen nötigen Manipulationen folgen.

* * *

Als **Elektricitätsquelle** soll uns dieser durch einen Ebonitständer isolierte Konduktor (Fig. 14) dienen, der aus einem Blechcylinder besteht, an den ein Blechkegel (a c) angelötet ist. Am anderen Ende ist ein Hohlkegel eingeschoben. Die ganze Oberfläche des Konduktors ist vernickelt und poliert.

Jetzt lade ich den Konduktor vermittelst des Flintglasstabes. Bitte horchen Sie etwas hin! Versuche ich den Konduktor

Fig. 14.
Kegel-Konduktor. 1/10 natürl. Grösse.

noch stärker zu laden, so hören sie an der Spitze (a) ein leises **Zischen**. Offenbar fliesst die noch weiter zugeführte Elektricität aus der Spitze ab.

Nun berühre ich mit der an einem langen Ebonitstäbchen befestigten vernickelten und polierten Probekugel die Mitte des Cylindermantels (d, Fig. 14), die durch eine Linie bezeichnet ist und senke die Probekugel in die Hohlkugel des Elektrometers, bis sie die Innenwand berührt — Sie sehen, das Blättchen zeigt einen Ausschlag von 23,3°. Ich entlade das Elektrometer und wiederhole den Versuch, indem ich die Probekugel stets auf derselben Stelle des Konduktors aufsetze; wir erhalten Ausschläge von 23,5°, 23,4°, 23,2°, 23,3°, 23,4°; d. h. die Ausschläge des Elektrometers sind fast gleich, mithin dürfen wir voraussetzen, dass unser Konduktor — den wir dazwischen immer wieder laden, bis es zischt — eine **recht** beständige Elektricitätsquelle abgiebt, die wir zum Aichen des Elektrometers benutzen können.

Bezeichnen wir auf dem weissen Schirme (S, Fig. 15) den Drehungspunkt des Blättchens und die Stellung des Blättchens bei 1, 2, 3 ... n Ladungen der Probekugel durch Striche, welche wir mit einer blauen Bleifeder ziehen, so entsteht vor unseren Augen die Aichungsskala. Schreiben wir zugleich

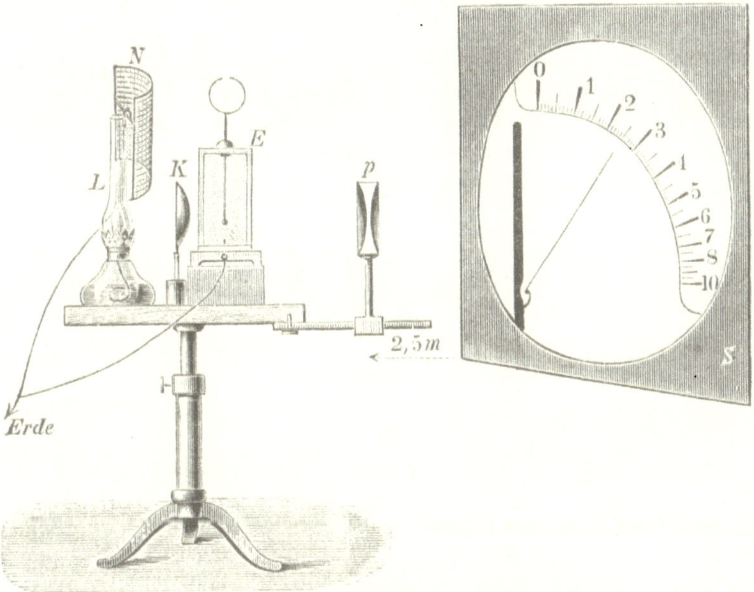

Fig. 15.
Projection der Elektrometerskala. $^1/_{10}$ des Apparats, $^1/_{20}$ der Skala.

den Stand des Blättchens nach der Gradskala an, so können wir später in aller Bequemlichkeit die Aichungsskala auf einer Glimmerscheibe[11]) entwerfen, und statt der bisherigen Gradskala in das Gehäuse des Elektrometers einsetzen. Natürlich müssen wir die zugehörigen Ziffern umgekehrt schreiben, damit sie bei der Projektion auf dem weissen Schirm aufrecht erscheinen.

[11]) Eine Glimmerscheibe hat vor einer Glasscheibe den grossen Vorzug voraus, dass sie nicht so leicht zerbricht, auch lässt sie sich leicht bearbeiten, z. B. mit einer Schere beschneiden.

Auf solche Weise ist diese **einsetzbare Projektionsskala** entstanden, die ich Ihnen hier vorlege. Dass derselben ein noch beständigere Elektricitätsquelle und eine genauere erst w. u. erläuterte Aichungsmethode zu Grunde gelegt worden, thut nichts zur Sache. Wir wollen diese genauere Skala fortan immer benutzen.

* * *

Die von uns (S. 26) beobachtete Erscheinung des Entweichens der Elektricität aus der Spitze des Konduktors bei zu starker Ladung, legt uns die Frage nahe: **Wie verteilt sich die Elektricität auf der Oberfläche eines isolierten Leiters?** D. h. lagert sie sich gleichförmig oder nicht?

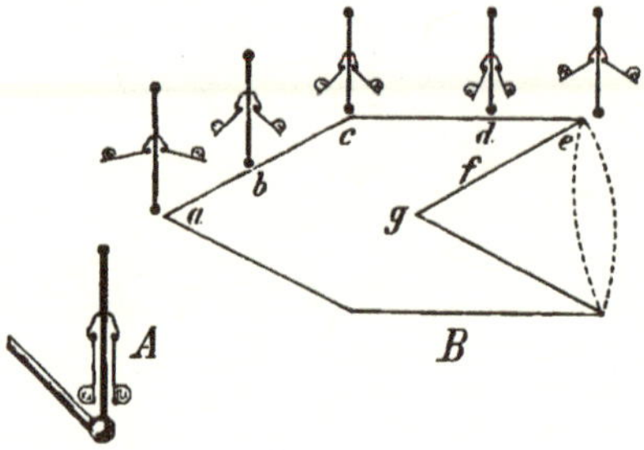

Fig. 16.

Wir wollen uns ein ganz einfaches Probierelektroskop herstellen, indem wir in eine zu diesem Zweck in die kleine Probekugel gebohrte Seitenöffnung einen starken Neusilberdraht stecken, der in seiner Mitte zwei Drahtbügel trägt, in welche 2 Papierstreifen leicht beweglich aufgehängt sind (A, Fig. 16). — Setze ich nun die mit dem kleinen Elektroskop versehene Probekugel auf den wieder geladenen Konduktor, so gehen die Blättchen auseinander.

Fahre ich nun mit dem Elektroskop entlang der äusseren Konduktoroberfläche hin und her, so sehen Sie, wie der Ausschlag der Blättchen sich ändert!*)

Wir erkennen leicht, dass der Ausschlag der Blättchen an der Spitze (a) am grössten ist, nächstdem an der kreisförmigen

*) Der Versuch gelingt sicherer, wenn man das Hülfselektroskop auf die bezeichneten Punkte des Konduktors setzt und dann etwas entfernt.

Kante (e), welche den Cylindermantel begrenzt; schon schwächer an der ebenfalls kreisförmigen, aber stumpferen Kante (c) und am kleinsten in der Mitte des Cylindermantels (d).

Denken wir uns den hohlen Kegelkonduktor (Fig. 14) in den Punkten a b c d e f senkrecht zur Längsachse a g zerschnitten, so erhalten wir als Querschnitt Kreise, die von der Spitze a bis zur Kante c stetig an Grösse zunehmen, von c bis e aber sich gleich bleiben. Je grösser ein Kreis ist, umso schwächer gekrümmt ist die Kreislinie; also nimmt die Krümmung dieser Schnittkreise von a bis c ab und bleibt dann unverändert bis e. Dagegen ist die Krümmung der Konduktoroberfläche in der zur Schnittebene senkrechten Richtung (also in der Ebene des Papieres bei Fig. 16) an den Punkten c d e verschieden, denn die Kante c bildet jetzt einen stumpfen, die Kante e einen spitzen Winkel, während bei d ein gestreckter Winkel (eine gerade Linie) auftritt. Mit Berücksichtigung dessen, dass wir bei Beurteilung der Krümmung einer Fläche die in verschiedenen Richtungen stattfindenden Krümmungen zusammenfassen müssen, kommen wir zu dem Resultat, dass die Gesamtkrümmung an der Spitze a am stärksten ist, nächstdem an der Kante e, dann in c, b und am schwächsten in d (der Mitte des Cylinders).

Es macht den Eindruck, als ob die Elektricität an den stärker gekrümmten Oberflächenteilen des Konduktors in grösserer Menge angehäuft, gewissermaassen verdichtet sei; bezeichnen wir diesen Zustand der Elektricität als „elektrische Dichte“ (vgl. S. 23), so können wir sagen:

Die elektrische Dichte ist auf ungleichstark gekrümmten Oberflächenteilen eines geladenen isolierten Leiters ungleich, und zwar umso grösser, je stärker die Krümmung ist*).

Das tritt nicht so unmittelbar, aber noch schärfer hervor, wenn wir vermittelst der Probekugel, von welcher natürlich

*) Genauer definiert ist elektrische Dichte der Quotient der Elektricitätsmenge an einer bestimmten Stelle des Leiters durch die Grösse des Flächenstücks, oder die Elektricitätsmenge für die Einheit der Fläche. Doch wird diese Definition erst nach Einführung einer Maasseinheit für die Elektricitätsmenge verständlich.

das Hülfselektroskop entfernt worden, von den in Fig. 16 mit a, b, c, d, e, f, g bezeichneten Punkten je eine Ladung auf das Elektrometer übertragen (s. o. S. 26). Wir erhalten

In den Oberflächenpunkten		a	b	c	d	e	f	g
a) bei stärkster Ladung des Konduktors	in elektr. Einh.	6,0	1,1	1,4	0,8	3,2	0,5	0
	Verhältnis	7,5	1,4	1,75	1	4,0	0,65	0
b) bei schwacher Ladung des Konduktors	in elektr. Einh.	2,3	0,45	0,52	0,3	1,2	0,2	0
	Verhältnis	7,6	1,5	1,73	1	4,0	0,66	0

Wir sehen hieraus, dass auf der äusseren Oberfläche, wie vorhin, die elektrische Dichte an der Spitze (a) am grössten ist, nächstdem an der kreisförmigen Kante e — u. s. w. und am geringsten auf der Mitte des Cylindermantels (d). Auf

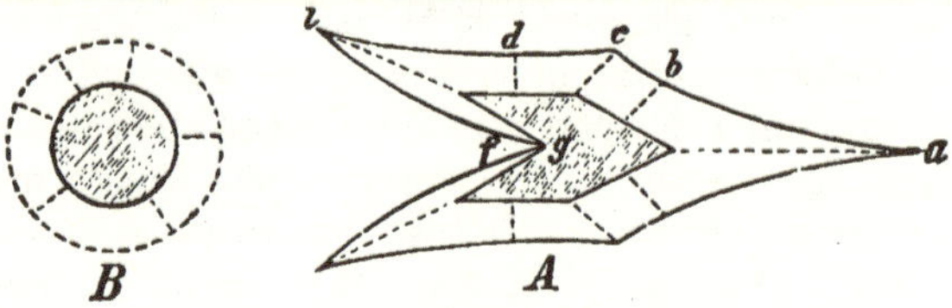

Fig. 17.
Graphische Darstellung der elektrischen Dichte.

der inneren Fläche des Hohlkegels nimmt die elektrische Dichte vom Rande an sehr rasch ab und ist im tiefsten Punkte (g) = 0. — Die zweite Versuchsreihe bei schwächerer Ladung zeigt, dass das Verhältnis der elektrischen Dichten an den betreffenden Punkten dasselbe bleibt also nicht von der Ladungsstärke abhängt.

Die von uns gefundenen Zahlenwerthe für die elektrische Dichte setzen uns in den Stand, ein anschauliches Bild von der Änderung der elektrischen Dichte auf dem Konduktor und — zum Vergleich auf einer isolierten Hohlkugel — zu machen. Wir tragen auf der Durchschnittszeichnung des Konduktors (A, Fig. 17) und der Kugel (B) an den betreffenden Punkten (a, b . . . g) in der Richtung der elektrischen Abstossung Linien an, welche den gemessenen Dichtigkeiten der Elektricität an diesen Punkten proportional sind. Verbinden wir nun die Endpunkte dieser Linien, so erhalten wir beim

Konduktor die auffallend gekrümmte Linie (Kurve) a b c d e f g, Fig. 17, A. Denken wir uns diese Linie um die Achse des Konduktors (a g) gedreht, so beschreibt sie eine Drehungsfläche (Rotationsfläche), welche die Niveaufläche der elektrischen Dichte genannt wird.

Bei der Kugel (B, Fig. 17) ist die elektrische Dichte überall gleich und die Niveaufläche der elektrischen Dichte ist wiederum eine Kugelfläche.

* * *

Jetzt verbinde ich den Ableitungsdraht eines Papierelektroskops, auf welches ich eine kleine Kugel geschraubt habe[12]), durch einen sehr feinen, mit Seide umsponnenen Kupferdraht mit der isolierten Probekugel. Lade ich nun den

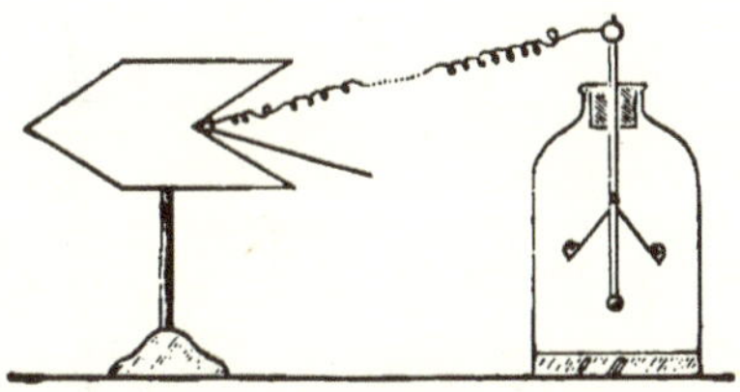

Fig. 18.

Konduktor und berühre ihn irgendwo mit der Probekugel, so zeigt das Elektroskop einen gewissen Ausschlag, der sich nicht ändert, wenn ich die Probekugel der Oberfläche des Konduktors entlang führe, auch wenn ich die Spitze des Konduktors oder den tiefsten Punkt des Hohlkegels berühre (Fig. 18). Ebenso können wir das Elektroskop mit dem elektrisierten Drahtnetz (Fig. 10, S. 20) verbinden und dieses biegen — immer bleibt der Ausschlag des Elektroskopes unverändert, ob der Draht die hohle oder die erhabene Netzseite berührt.

---

[12]) Es sei hier ausdrücklich darauf hingewiesen, dass bei allen diesen elektrischen Apparaten und Nebenapparaten sämtliche Schrauben dasselbe Gewinde haben, sodass alle Kugeln, Platten u. s. w. nach Bedarf vertauscht werden können. Dadurch wird das Experimentieren sehr erleichtert und die Anzahl der nötigen Hülfsapparate bedeutend vermindert.

Wir sehen zu unserer Überraschung, dass die Wirkung, welche ein elektrisierter Leiter auf ein entfernt aufgestelltes und durch einen feinen Draht mit ihm verbundenes Elektroskop ausübt, unverändert bleibt, wenn der Verbindungsdraht an irgend einem Punkte der äusseren Oberfläche oder der Innenwand des Hohlraumes angelegt wird. Diesen eigentümlichen Zustand des elektrischen Leiters, den wir am leitend verbundenen Elektroskop wahrnehmen, nennen wir den elektroskopischen Zustand des Körpers. Die verschiedenen Grade des elektroskopischen Zustandes mögen „elektrische

Der elektrische Zustandsgrad.

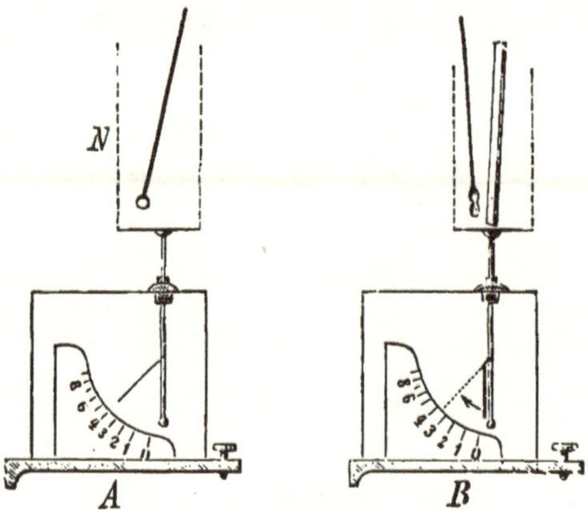

Fig. 19.
Faraday's Versuch. $^1/_{10}$ natürl. Grösse.

Zustandsgrade“ (oder wie früher beim Elektroskop „Elektricitätsgrade“) heissen. Dann können wir kürzer sagen:

Der elektrische Zustandsgrad eines Leiters hat auf seiner ganzen Oberfläche — sowohl der äusseren, als der inneren — *denselben Wert!* Dadurch unterscheidet sich der elektrische Zustandsgrad wesentlich von der elektrischen Dichte, die — wie wir sahen — auf verschiedenen Teilen desselben Leiters sehr verschiedene Werte haben kann.

Mit dem elektrischen Zustandsgrade der Körper werden wir uns späterhin eingehend zu beschäftigen haben, jetzt wollen wir nur noch die Wirkung eines elektrischen Körpers auf einen ihn (fast) umschliessenden unelektrischen Leiter untersuchen.

Ich schraube auf das Elektrometer eine ebene kleine Platte und stelle auf diese einen oben offenen Drahtnetz-Cylinder (N, Fig. 19). Tauche ich nun die elektrisierte grössere Probekugel (p), die an einem langen Ebonitstäbchen befestigt ist, in den Hohlraum des Drahtcylinders, ohne das Netz zu berühren, so zeigt das Elektrometer einen Ausschlag, der sich nicht ändert, wenn ich die Kugel im Hohlraum des Cylinders hin- und herbewege, oder wenn ich damit die Innenwand des Netzes berühre; d. h. die elektroskopische Wirkung, die ein elektrisierter Körper auf einen umgebenden Leiter ausübt, ist im ganzen Hohlraume konstant und eben so gross, wie bei Berührung der Innenwand (Faraday)! Hiervon wollen wir eine Anwendung machen.

An dem Ende eines Ebonitstabes ist ein Stück amalgamiertes Leder befestigt. Ich tauche dasselbe sowie den unelektrischen Flintglasstab in das Drahtnetz (B, Fig. 19). Reibe ich nun — ohne das Netz zu berühren — beide an einander, so zeigt das Elektrometer keinen Ausschlag so lange Reiber und Reibzeug innerhalb des Netzes sind, weil beide Elektricitäten sich in ihrer Wirkung nach aussen aufheben. Je nachdem ich nun den Glasstab oder das Reibzeug heraushebe, zeigt das Elektrometer $-E$ oder $+E$, aber der Ausschlag ist in beiden Fällen genau gleich gross, d. h. *beim Reiben werden $-E$ und $+E$ in gleichen Mengen erzeugt!*

* * *

Nach dieser Abschweifung, welche uns einige wichtige elektrische Gesetze kennen lehrte, wollen wir unsere Untersuchung über die elektrische Dichte zu Ende führen, indem wir noch die Frage erledigen: Nach welchem Gesetz wächst die elektrische Dichte mit der Krümmung der Oberflächenteile eines Leiters?

Hier sehen Sie 3 Ebonitständer, auf welcher 3 Hohlkugeln von 20, 10 und 2 cm Durchmesser befestigt sind und deren Halbmesser sich also verhalten, wie $r_a : r_b : r_c = 10 : 5 : 1$. Durch zwei Drähte d_1 und d_2 (von je 1 m Länge) verbinde ich die 3 Kugeln (A, B, C, Fig. 20), sodass sie als ein einziger isolierter

Leiter aufzufassen sind. Mithin muss, wenn eine Kugel vermittelst des Flintglasstabes geladen wird, bei allen 3 Kugeln der elektrische Zustandsgrad gleich sein. — Entnehme ich nun vermittelst einer kleinen Probekugel jeder Kugel einzeln eine Ladung und übertrage sie auf das Elektrometer, so erhalten wir Zahlenwerte, deren Verhältnis zu einander von

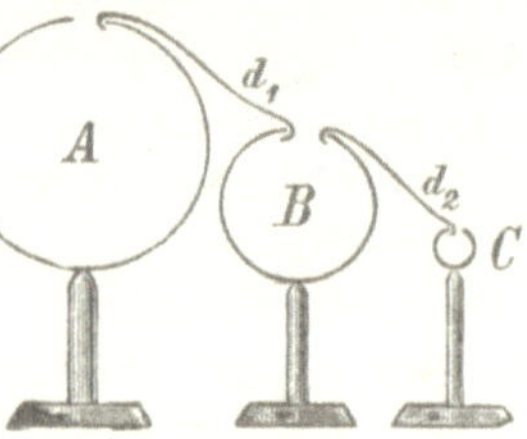

Fig. 20.
Isolierte Hohlkugeln zur Messung der elektrischen Dichte. $^1/_{12}$ natürl. Grösse.
(In Wirklichkeit sind die Drähte d_1 u. d_2 je 1 m lang.)

der beim Aichen (s. o. S. 27) gewählten Elektricitäts-Einheit ganz unabhängig sein muss und das gesuchte Verhältnis der elektrischen Dichten widerspiegeln wird. Wir finden

		A	B	C
Krümmungshalbmesser	r =	10 cm	5 cm	1 cm
beob. elektr. Dichte	D =	0,6	1,2	6,1

Also verhalten sich die el. Dichten $D_a : D_b : D_c = 1 : 2 : 10$ (nahezu).

Bei A und C ist das Verhältnis der Krümmungshalbmesser $r_a : r_c = 10 : 1$, das der elektrischen Dichten $D_a : D_c = 1 : 10$, also umgekehrt! Ebenso ist, bei B und C, $r_a : r_c = 5 : 1$, dagegen $D_b : D_c = 10 : 2 = 5 : 1$. Hieraus folgt: Bei gleichem elektrischen Zustandsgrade zweier Kugeln stehen die elektrischen Dichten im umgekehrten Verhältnis zum Krümmungshalbmesser.

Nun verhält sich

$$D_a : D_b : D_c = \frac{1}{r_a} : \frac{1}{r_b} : \frac{1}{r_c}.$$

Diese Brüche $\frac{1}{r_a}$, $\frac{1}{r_b}$, $\frac{1}{r_c}$ sind die reciproken Werte der betr. Krümmungshalbmesser, und geben ein Maass ab für die Krümmung, daher dürfen wir sagen:

Die elektrische Dichte steht — bei gleichem elektroskopischem Zustandsgrade — im geraden Verhältnis zur Krümmung, oder: Bei einem elektrisierten Leiter verteilt sich die Elektricität so über die äussere Oberfläche, dass die elektrischen Dichten sich verhalten, wie die Krümmungen der entsprechenden Oberflächenteile.

Erklärung der Spitzenwirkung.

Hieraus ergiebt sich, dass, wenn bei einem Teile eines geladenen Leiters der Krümmungshalbmesser sehr klein (also die Krümmung sehr gross) wird, wie z. B. an der Spitze unseres Kegelkonduktors (Fig. 14), sich die Elektricität in einer solchen Dichte anhäufen muss, dass die anliegenden Staub- und Wasserteilchen der Luft[13]) — wie unsere Probekugel — hier besonders stark geladen und abgestossen werden. Bei einer gewissen Stärke der Ladung wird die abstossende Kraft im Stande sein, den Luftwiderstand zu überwinden und die Staub- und Wasserdampfteilchen abzuschleudern. Diese reissen die benachbarten Luftteilchen mit sich fort — andere rücken an ihre Stelle und so entsteht der sogenannte „elektrische Wind“, die zischende Luftströmung, welche Sie an der Spitze des Konduktors bemerkten.

Wir werden später (bei der Elektrisiermaschine) interessante Erscheinungen der Spitzenwirkung kennen lernen; hier möchte ich mich darauf beschränken, Ihnen den Einfluss zu zeigen, welche die Spitzenwirkung auf das Laden und Entladen der Körper hat.

Ladung durch Spitzenwirkung.

Ich stelle ein Papierelektroskop vor Sie hin und fahre mit dem geladenen Flintglasstabe in etwa 20 cm Entfernung über der Kugel hin und her. — Die Blättchen schwingen auf und ab, aber — nach Entfernung des Stabes — bleibt das Elektroskop ungeladen. Jetzt stelle ich in die Seitenöffnung der Elektroskopkugel einen starken, rechtwinklig gebogenen Draht, der in eine sehr feine Spitze ausläuft. Diese Spitze drehe ich nach oben und fahre nur einmal rasch in etwa 40 cm Höhe mit dem geladenen Glasstabe darüber hin (A, Fig. 22),

[13]) Nach neueren Untersuchungen scheint vollkommen staub- und wasserdampffreie Luft die elektrische Entladung so sehr zu erschweren, dass die Moleküle der Luft allein die hier den Staub- und Wasserteilen zugeschriebene Rolle nicht übernehmen können.

so ist das Elektroskop im Augenblick geladen, d. h. die Spitze saugt gewissermaassen die Elektricität auf.

Stelle ich das zweite Papierelektroskop nahe zu dem geladenen heran, und drehe (mit einem Ebonitstäbchen) die Spitze so, dass sie auf die Kugel des benachbarten Elektroskopes II (Fig. 22, B) gerichtet ist, so können wir nach kurzer Zeit wahrnehmen, dass das erste Elektroskop allmälig seine Ladung verliert, während das zweite etwas geladen wird. Durch Anlegen des elektrischen Glasstabes an den Kopf des I. Elektroskopes kann die Ladung des II. beschleunigt werden — wir sehen also, dass durch eine Spitze

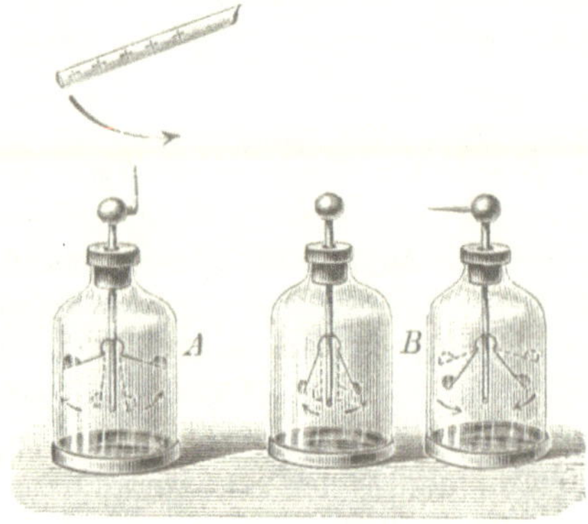

Fig. 21.
Versuch über Spitzenwirkung. $^1/_{10}$ natürl. Grösse

die Elektricität abfliesst, daher müssen bei allen elektrischen Apparaten, welche die Elektricität möglichst lange halten sollen, sorgfältig alle Spitzen und scharfen Kanten vermieden werden.

Spitzenwirkung der Flammen

Bringe ich eine Flamme — z. B. die einer Wachskerze — in die Nähe eines geladenen Elektroskopes, so verliert dieses seine Ladung sehr rasch. Verbinde ich ein Elektroskop durch einen Draht mit einer Flamme, indem ich das an einem Ebonitstäbchen befestigte und etwas vorragende Ende desselben in die Flamme halte, so verschwindet eine vorhandene Ladung sofort und das Elektroskop lässt sich überhaupt nicht laden, da alle Elektricität durch die Flamme ausströmt. Die glühenden Kohlenteilchen der Flamme wirken hier wie sehr viele feine Spitzen, daher ist die aufsaugende und zerstreuende Wirkung einer Flamme ausserordentlich gross. Nun werden Sie begreifen, warum wir die geladenen Isolatoren, wie Ebonit, Glas u. s. w., völlig entladen können, wenn wir sie über einer Flamme hin- und herbewegen, oder durch dieselbe ziehen.

Damit schliessen wir unsere zweite Wanderung und wollen das nächste Mal die Frage zu beantworten suchen: Welchen Einfluss übt ein elektrisierter Körper auf seine Umgebung aus?

III. Vortrag.

Die Erscheinungen der elektrischen Influenz; Erläuterung des Vorganges der Influenz; Erzeugung gleicher Mengen von + E und − E durch Influenz; Wahre Bedeutung der Angaben des Elektrometers; Dualistische und unitarische Hypothese; Willkürlicher Nullpunkt des elektrischen Zustandsgrades; Die elektrische Schirmwirkung; Das Coulombsche Gesetz der elektrischen Abstossung und Anziehung; Gesetz der Influenz; Vorgang bei der Anziehung unelektrischer Körper durch elektrische; Es giebt nur eine Ladung durch Influenz.

Zwei Tagereisen haben wir zurückgelegt und die wichtigsten elektrischen Erscheinungen bei der Elektrisierung durch Reiben und bei unmittelbarer Berührung kennen gelernt. Wir sahen das letzte Mal:

Rückblick.

1. Die beim Reiben erzeugten Mengen $+E$ und $-E$ sind einander gleich. Wird ein isolierter Leiter elektrisiert, so verteilt sich die Elektricität ausschliesslich auf der äusseren Oberfläche des Leiters und zwar in der Weise, dass die elektrische Dichte umso grösser ist, je stärker die Gesamtkrümmung des betreffenden Oberflächenteiles ist. Dagegen befindet sich im Inneren eines hohlen oder massiven geladenen Leiters keine freie Elektricität, d. h. die Dichte ist hier = 0. Im Gegensatz hierzu hat der elektrische Zustandsgrad eines geladenen Leiters auf der ganzen Oberfläche, sowohl der äusseren, wie der inneren, desgleichen im geschlossenen Hohlraume denselben Wert.
2. Wird ein geladener isolierter Leiter in das Innere eines Leiters gebracht und mit diesem leitend verbunden, so geht alle Elektricität auf den umschliessenden Leiter über. Damit haben wir die Möglichkeit, die ganze Ladung einer Probekugel auf eine mit dem Elektrometer verbundene Hohlkugel zu übertragen und — durch wiederholtes Zuführen gleicher Ladungen — das Elektrometer zu aichen.

3. Da an Spitzen die Krümmung der Oberfläche sehr gross ist, so tritt an den Spitzen die Elektricität in grosser Dichte auf, wodurch eine Entladung des Körpers bewirkt wird. Die glühenden Teilchen einer Flamme wirken als viele sehr feine Spitzen, weshalb die entladende Kraft der Flamme sehr bedeutend ist, sodass wir sie zum Entladen von Isolatoren benutzen können.

Der Gegenstand unserer jetzigen Untersuchung soll die elektrische Fernewirkung sein und hieran wollen wir Versuche über das Gesetz der elektrischen Anziehung und Abstossung knüpfen.

Wir sahen schon das letzte Mal: Bewege ich den geladenen Flintglasstab über dem unelektrischen Elektroskope hin und

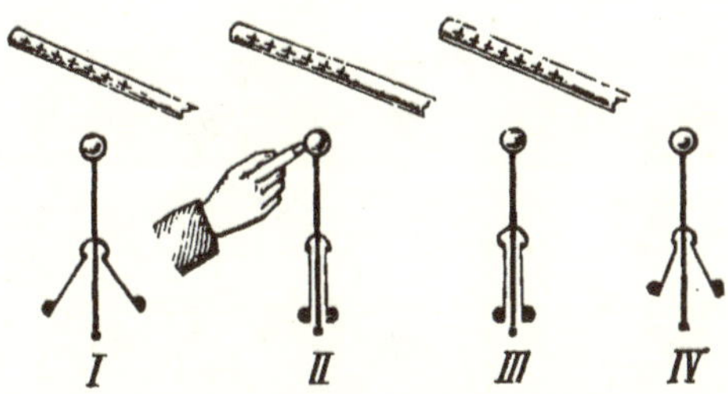

Fig. 22.

her, so gehen die Blättchen bei jeder Annäherung des Stabes auseinander und fallen, nach Entfernung desselben wieder zusammen. Das Elektroskop bleibt ungeladen! Sie haben das schon früher bemerkt, aber ich bin absichtlich flüchtig über diese Erscheinung hinweggegangen, um Sie nicht von unserem damaligen Ziele abzulenken; heute wollen wir sie genauer verfolgen.

Ich wiederhole den Versuch mit dem, wie wir wissen, positiv elektrischen Flintglasstabe, berühre aber während der elektrisierte Stab in der Nähe des Elektroskopes ist, den Leitungsstab mit der Hand (II, Fig. 22). Sie sehen — die Blättchen fallen herab und verharren in dieser Stellung, wenn ich die Hand entferne (III). Entferne ich nun auch den Glasstab, so gehen die Blättchen wieder auseinander und das Elektroskop bleibt geladen (IV). Prüfen wir die Art der Ladung, so erkennen wir zu unserer Überraschung, dass das Elektroskop jetzt negative Elektricität enthält, während der Glasstab doch $+E$ hatte! — Machen wir einen Kontrolversuch mit dem Ebonitstabe — Sie sehen, das Elektroskop zeigt jetzt $+E$, während der Ebonitstab negativ elektrisch ist. Wie sollen wir uns das erklären?

Ich verbinde zwei Papierelektroskope durch einen feinen Messingdraht, der einen isolierenden Handgriff hat (Fig. 23). Statt des Flintglases nähere ich eine isolierte, mit $+E$ geladene Kugel (C) — Sie sehen, wie die Blättchen an beiden Elektroskopen auseinandergehen, und zwar zeigt die Probe mit einem geladenen Glas- oder mit einem Ebonitstabe, dass das

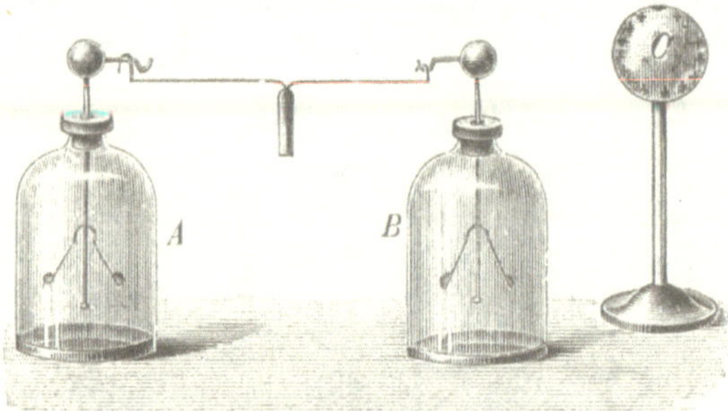

Fig. 23.
Influenz-Versuch. $^1/_{10}$ natürl. Grösse.

der Kugel C näher stehende Elektroskop (B) $-E$, also entgegengesetzte Elektricität hat, während das entferntere Elektroskop die gleichnamige Elektricität (+ E) zeigt. — Hebe ich den Verbindungsdraht ab, so habe ich die entgegengesetzten Ladungen beider Elektroskope abgefangen, denn nach dem Entfernen der Kugel C bleiben beide Elektroskope geladen. Verbinde ich nun beide Apparate durch den isolierten Draht, so werden sie unelektrisch; also müssen hierbei $+E$ und $-E$ in gleichen Mengen erzeugt worden sein!

Diese eigentümliche elektrische Fernewirkung nennt man *elektrische Influenz*[14]). Wir wollen den diese Erscheinung bewir-

[14]) In neuerer Zeit wird von einigen Physikern, auch im Deutschen statt Influenz der Name „Induktion" gebraucht. Da aber dieses Wort, wie wir später (S. 101) sehen werden, eine verwandte Erscheinung der

kenden elektrischen Körper (in unserem Falle die geladene isolierte Kugel C) den **influierenden** nennen.

Wir haben nun gesehen, dass ein elektrischer Körper in einem nahestehenden Leiter durch Influenz beide Elektricitäten hervorruft, und zwar in gleichen Mengen, der Vorgang ist uns aber noch unklar. Welche Rolle spielte beim ersten Versuch (Fig. 22) der berührende Finger meiner Hand und im zweiten Falle (Fig. 23) der **Verbindungsdraht**? Hierüber kann uns das schon benutzte kleine Hülfselektroskop mit dem isolierenden Griff (Fig. 24, unten) Auskunft geben. Ich wiederhole den Influenzversuch und setze die Kugel des Hülfselektroskopes auf den Verbin-

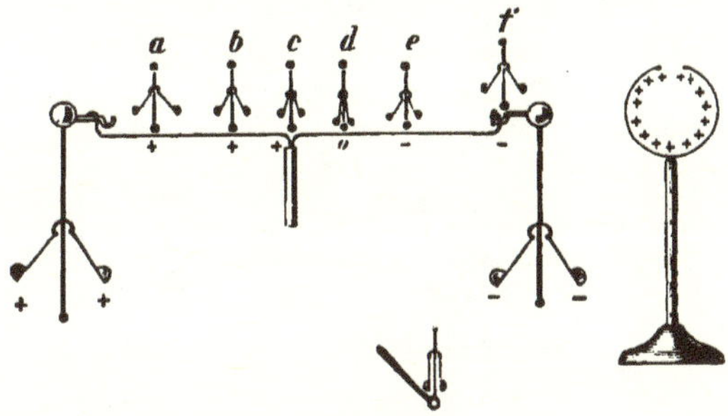

Fig. 24.
Verteilung der Influenz-Elektricität.

dungsdraht beider Elektroskope (Fig. 24), nahe beim Elektroskop A, Sie sehen, der Ausschlag ist stark und zeigt, wie die Probe ergiebt, $+E$. Rücke ich das Hülfselektroskop dem Drahte entlang weiter, so nimmt seine Ladung ab und wird an einer Stelle $= 0$. Diesen Punkt wollen wir den **Indifferenzpunkt** nennen. — Noch weiter nach B geschoben, zeigt das Hülfselektroskop eine **wachsende negative Ladung**. Sie bemerken leicht, dass der Indifferenzpunkt (0) näher zum Elektroskope B liegt, bei welcher die influierende Kugel steht, als zum Elektroskope A. Der Grund dafür kann uns erst später klar werden.

---

dynamischen Elektricität bedeutet, so ist es durchaus zweckmässiger in der statischen (oder Reibungs-) Elektricität; zum Unterschiede, den Namen „**Influenz**" beizubehalten.

Ein Kontrolversuch mit negativer Ladung der influierenden Kugel giebt ganz dasselbe Resultat (nur müssen wir uns in Fig. 24 die Zeichen + und — vertauscht denken).

Wo kommt nun die Influenzelektricität der vorher unelektrischen Elektroskope her? Von aussen kann sie nicht gekommen sein, da der influierende elektrische Körper doch nur seine, also gleichnamige Elektricität allein hätte übertragen können, hier aber beide Elektricitäten auftreten; also muss die Influenzelektricität aus dem unelektrischen Leiter selbst herstammen, aber durch den influierenden Körper hervorgerufen, gewissermaassen hervorgelockt worden sein!

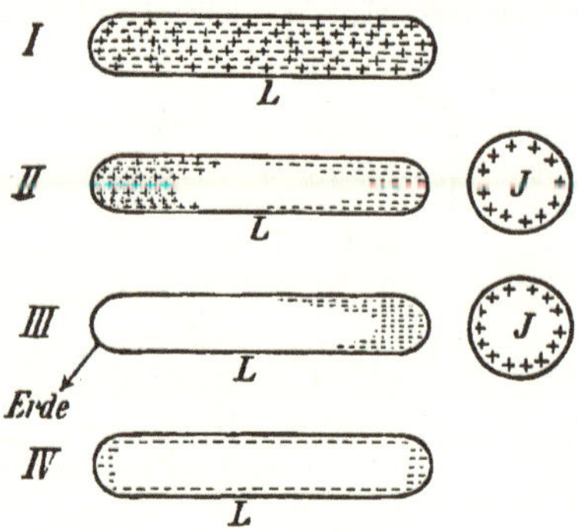

Fig. 25.

Es bleibt uns nichts übrig, als anzunehmen, dass in dem unelektrischen Körper beide Elektricitäten in gleichen Mengen vorhanden waren, und zwar — da kein Punkt derselben freie Elektricität zeigt — muss dieses elektrische Gleichgewicht an jedem Punkte (in jedem Molekül) des unelektrischen Körpers stattfinden. Unter dieser Voraussetzung können wir uns den Vorgang bei der elektrischen Influenz in folgender Weise vorstellen.

1. Der unelektrische Leiter (L, Fig. 25) zeigt an jedem Punkte (in jedem Molekül) +E und —E, die sich in der Wirkung nach aussen aufheben.
2. Durch Annäherung des influierenden (hier positiv-elektrischen) Körpers J wird das elektrische Gleichgewicht im Leiter gestört, indem die gleichnamige Elektricität (+E) abgestossen, also an das am

weitesten von J befindliche Ende des Leiters getrieben wird, während die ungleichnamige Elektricität (— E) angezogen wird, sich also in das dem influierenden Körper zugewandte Ende begiebt (II, Fig. 25).

3. Bei Berührung mit der Hand fliesst die abgestossene, gleichnamige Elektricität zur Erde ab, während die ungleichnamige durch die Anziehung (von J) zurückgehalten, sozusagen gebunden ist (III Fig. 25).
4. Entfernen wir nun zuerst den ableitenden Finger und darauf den influierenden Körper (J), so muss sich die gebunden gewesene ungleichnamige Elektricität (— E) über den ganzen Leiter verteilen (IV, Fig. 25).

Die angezogene ungleichnamige Influenzelektricität wird auch „Influenzelektricität erster Art", und die abgestossene gleichnamige „Influenzelektricität zweiter Art" genannt (Riess 1858).

Das Auf- und Abschwingen der Blättchen des Elektroskopes beim Vorüberführen eines elektrischen Körpers findet in dem Gesagten seine Erklärung.

Ersetzen wir bei unserem ersten Versuch (Fig. 22) das Papierelektroskop durch das viel empfindlichere Elektrometer, so ist die Erscheinung dieselbe. Zugleich können wir Folgendes bemerken: Steht der influierende Körper still, so ist der erste Ausschlag der von der abgestossenen gleichnamigen Elektricität herrührt, genau so gross, wie der Endausschlag mit der entgegengesetzten Elektricität nach Entfernung des influierenden Körpers. Es ist das einerseits eine Bestätigung des von uns gefundenen Gesetzes, dass durch Influenz beide Elektricitäten in gleicher Menge erzeugt werden, andererseits giebt uns das ein gutes Mittel an die Hand, um das Elektrometer, oder überhaupt ein empfindliches Elektroskop genau bis zu einem beliebigen, an der Skala ablesbaren Grade zu laden, ohne die zarten Aluminium-Blättchen zu beschädigen. Wir wollen fortan immer Gebrauch von dieser Art des Ladens machen, dürfen aber nicht vergessen, dass ein Elektroskop durch Influenz geladen, die entgegengesetzte Elektricität erhält, wie durch Berührung!

Wir wollen nun einen Versuch anstellen, der unsere Kenntnisse über das Wesen der elektroskopischen Erscheinungen erweitern wird und zugleich eine Vorsichtsmaassregel anzuwenden lehrt.

Wahre Bedeutung der Angaben des Elektrometers.

Ich stelle das Elektrometer — das, wie Sie sehen, ein Metallgehäuse hat — auf einen isolierenden Parafinblock und verbinde das Gehäuse durch einen Draht mit einem Elektroskop. Nun lade ich das Elektrometer mit $+E$ und elektrisiere das Blechgehäuse gleichfalls mit $+E$ — — der Ausschlag des Elektrometers nimmt in dem Maasse ab, als der des Gehäuses wächst, wird $= 0$ und wächst wieder, aber — die Probe mit dem Ebonit- oder Glasstabe zeigt eine negative Ladung des Elektrometers! Berühre ich das Gehäuse ableitend, so zuckt das Blättchen des Elektrometers zusammen und zeigt wieder die ursprüngliche Ladung $+$ E. Ich wiederhole den Versuch, indem ich das Gehäuse mit entgegengesetzter Elektricität lade; jetzt steigt die Ladung des Elektrometers stetig von Anfang an! Was giebt also das Elektrometer an? Offenbar nur die Differenz zwischen dem elektrischen Zustandsgrade des Blättchens und seiner Umgebung (des Gehäuses). Damit das Elektrometer einen seiner wahren Ladung entsprechenden Ausschlag zeigt, muss also das Gehäuse unelektrisch sein, was dadurch erreicht wird, das man es ableitend berührt oder, besser, dauernd mit einem Drahte verbindet, der durch die Wasserleitung mit der Erde in Verbindung steht. Dieser Draht, den Sie längs der Wand geführt sehen, heisst kurz: die Erdleitung und wird von uns oft benutzt werden.

Jetzt wollen wir die naheliegende Frage lösen: Lässt sich in einem Leiter nur eine bestimmte Menge von Influenzelektricität erregen, oder ist der Elektricitätsvorrat eines Leiters ein unbegrenzter?

Zu diesem Zweck lade ich das Elektrometer (A, Fig. 26), dem ich ein Metallstäbchen mit einer zweiten, horizontal vorstehenden Kugel angeschraubt habe, so, dass es eine Ladung von genau 7 Einheiten zeigt, und nähere ihm ein mit einer Gradskala versehenes, ausserordentlich empfindliches Aluminiumelektroskop (B). — Sie sehen, wie der Ausschlag des Elektrometers sich vermindert, während das ursprünglich unelektrische Elektroskop (B) eine gewisse Ladung zeigt. Berühre ich den Kopf des Elektroskopes mit dem Finger, so geht die gleichnamige Ladung fort. Nach Fortnahme des Fingers und Entfernung des Elektroskopes zeigt dieses natürlich die ungleichnamige Elektricität, aber — das Elektrometer zeigt jetzt wieder genau 7 Einheiten! Ich kann den Versuch beliebig oft wiederholen, und so nach und nach eine unbegrenzte Menge Influenzelektricität (± E) im

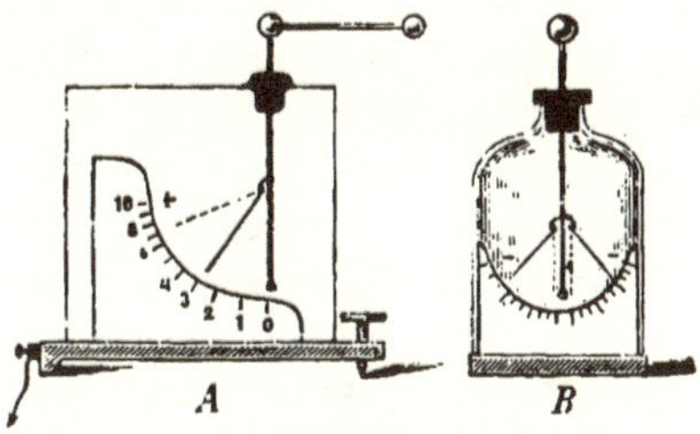

Fig. 26.
Influenz-Versuch.

Elektroskop (B) erzeugen, ohne dass der influierende Körper eine Spur seiner Ladung verliert! Hieraus erkennen wir Folgendes:

Ein unelektrischer Leiter (hier das Elektroskop B) scheint entweder eine unbegrenzte Menge beider Elektricitäten aufgespeichert zu haben, oder im Stande zu sein, jederzeit den Verlust an ± E sofort wieder auszugleichen.

Wie sollen wir uns das vorstellen?

* * *

Wir haben, nachdem uns das Vorhandensein zweier, von einander verschiedener elektrischer Zustände zur Gewissheit geworden, von „zwei Elektricitäten" gesprochen, ohne uns eine rechte Vorstellung von dem Wesen der Elektricität zu machen. Wir wollten nämlich die Erscheinungen mit unbefangenem Blicke prüfen. — Jetzt, wo wir die wichtigsten Grunderscheinungen kennen gelernt haben, wollen wir versuchen, uns eine Vorstellung von dieser rätselhaften Kraft zu bilden, d. h. wir wollen eine Hypothese entwerfen, die alle beobachteten Erscheinungen im Zusammenhange Hypothesen.

erklärt, ohne — und das ist sehr wichtig — mit irgend einer beobachteten Thatsache im Widerspruch zu stehen.

Die Schwierigkeiten, die uns hierbei in den Weg treten, sind grösser, als auf anderen Gebieten der Physik, weil wir kein besonderes Sinnesorgan zur Wahrnehmung der Elektricität besitzen. Das Ohr hört den Schall, das Auge sieht das Licht, der Temperatursinn der Hautnerven nimmt die Wärme wahr — — aber kein einziges natürliches Werkzeug offenbart uns das Vorhandensein der Elektricität. Wir sehen und hören das Überschlagen des elektrischen Funkens und fühlen, wenn wir den Knöchel unseres Fingers dem stark elektrischen Glasstabe nähern, ein eigentümliches Prickeln — aber alle diese Erscheinungen können einzeln durch andere Ursachen gleichfalls hervorgerufen werden. Erst aus dem stetigen, ausnahmslosen Zusammentreffen aller dieser Erscheinungen schliessen wir auf das Vorhandensein einer gemeinschaftlichen Ursache, die wir die elektrische Kraft nennen. Zu diesem Schlusse konnte man erst nach vielen Beobachtungen und besonders angestellten Versuchen kommen. So konnten zwei Jahrtausende vergehen, ehe man begann die elektrischen Erscheinungen durch Versuche zu studieren.

Symmers Hypothese zweier elektrischer Fluida.

Erst 134 Jahre ist es her, dass Symmer (1759) die uns bekannten Erscheinungen durch Annahme zweier elektrischer Fluida (gasförmiger Flüssigkeiten) zu erklären versuchte. Nach dieser Hypothese, welche die dualistische genannt wird, hat jeder Körper zwei gewichtslose[15]) Fluida, welche sich gegenseitig anziehen und halten, während Teilchen desselben Fluidums sich gegenseitig abstossen. Unsere bisherige Ausdrucksweise schliesst sich dieser Vorstellung an. — Wie bewährt sich nun diese Hypothese? Die Grunderscheinungen lassen sich mit Hülfe derselben recht gut erklären, aber — — was entsteht aus den sich verbindenden elektrischen Fluiden? und wo kommen denn die unbegrenzten Mengen der elektrischen Flüssigkeiten her, die beim Reiben der

---

[15]) Schon bei unserem allerersten Versuch (S. 1) erkannten wir, dass der elektrisierte Körper keinen wägbaren Stoff aufgenommen oder abgegeben haben könne.

Körper oder bei den Influenzversuchen erzeugt werden können? Durch die Bewegung des Reibens oder durch die Annäherung des influierenden Körpers kann doch nichts Stoffliches erzeugt werden, da die Bewegung doch nur eine Zustandsänderung des Körpers ist! Wir müssen die dualistische Hypothese fallen lassen! Wenn wir dennoch von „zwei Elektricitäten" und vom „Fliessen" oder „Strömen" der Elektricität sprechen, so wollen wir das nur in bildlicher Redeweise thun.

Schon etwas früher, als Symmer, hatten Aepinus und Franklin (1750) die unitarische Hypothese aufgestellt, welche nur ein einziges elektrisches Fluidum, die positive Elektricität, annahm. Bis in die neuere Zeit herrschte die dualistische Anschauung und hat noch jetzt viele Anhänger, da ihre Einfachheit bestechend wirkt, doch haben die neuesten wissenschaftlichen Ergebnisse die unitarische Hypothese wieder in den Vordergrund gerückt. Unitarische Hypothese.

Nach der unitarischen Hypothese ist ein Körper unelektrisch, wenn er ebenso viel Elektricität enthält, als seine Umgebung (vergl. S. 44); hat er mehr Elektricität, so ist er positiv elektrisch (daher + E), hat er weniger Elektricität, so ist er negativ elektrisch (— E). *Die positive Elektricität ist mithin ein Überschuss, die negative Elektricität ein Unterschuss*[16]) *an Elektricität, im Vergleich zur Umgebung.* — Am besten können Sie sich die elektrischen Zustandsgrade in der Weise vorstellen, wie Sie es bei der — an den Thermometern abgelesenen — Temperatur gewöhnt sind. Einen willkürlichen Wärmegrad, den des schmelzenden Eises, bezeichnen wir bekanntlich mit Null. Die Grade unter 0 zählen wir *negativ* und nennen sie Kältegrade, obgleich wir wissen, dass Kälte nur ein geringerer Grad der Wärme ist. — Bei der Elektricität nehmen wir ebenfalls einen willkürlichen Nullpunkt — den Zustandsgrad der Erde — an und sagen: Ein Körper hat positive Elektricität, wenn er mit der Erde leitend verbunden, an diese Elektricität abgiebt, Analogie zwischen Elektricität und Wärme.

16) Wir haben den selten gebrauchten deutschen Ausdruck „Unterschuss" dem Fremdwort „Deficit" vorgezogen, weil er schärfer, wie dieses, den Gegensatz zu „Überschuss" bezeichnet.

dagegen negative Elektricität, wenn das Umgekehrte stattfindet.

Die Thatsache, dass wir (durch Reiben oder durch Influenz) unbegrenzte Mengen Elektricität hervorrufen können, zwingt uns — wenn wir das Vorhandensein eines einzigen elektrischen Fluidums annehmen wollen — einen überall im Raume vorhandenen, gewichtslosen Stoff anzunehmen, der im unelektrischen Körper die Verluste an ± E sofort wieder ausgleicht — — das kann nur der alles durchdringende, im ganzen Weltenraum vorhandene Äther (Lichtäther) sein. — Wie bei einer Wasserfläche Wellenberge und Wellenthäler in unendlicher Anzahl aufeinander folgen können, wenn die treibende Kraft, z. B. die des Windes, anhält, ohne dass die gesamte Wassermenge sich vermehrt oder vermindert, so können wir uns eine stellenweise Verdichtung und an einer anderen Stelle eine entsprechende Verdünnung des Äthers denken, welche in den betreffenden Körpern den elektrischen Zustand bedingt, oder eine besondere Art der Wellenbewegung des Äthers annehmen, der also Träger der Elektricität ist. Beim Elektrisieren findet eine Übertragung der Ätherbewegung, welche wir Elektricität nennen, von einem Ort (Körper) auf den anderen statt. Wird der Körper A mit dem Körper B gerieben und dabei ersterer positiv elektrisch, der andere negativ elektrisch, so ist gewissermaassen in A ein elektrischer Wellenberg, und in B ein elektrisches Wellenthal entstanden, doch ist die Gesamtmenge Elektricität, die A und B zusammen haben, unverändert geblieben. Dasselbe ist bei einem Körper der Fall, wo durch Influenz beide Elektricitäten getrennt, d. h. an dem einen Ende ein Überschuss an dem anderen ein Unterschuss an Elektricität erzeugt ist. Da nun bei Vereinigung von + E und — E nur Wellenberg und Wellenthal wieder zusammenfallen und das ursprüngliche Niveau wieder hergestellt wird, so kann der Vorgang der Elektrisierung beliebig oft wiederholt werden.

Das Wesen der Elektricität, d. h. die Art der Zustandsänderung des hypothetischen Äthers, ist uns noch völlig unbekannt — die von uns beobachteten elektrischen Gesetze dagegen behalten ihre Gültigkeit, da sie auf keiner hypothetischen Voraussetzung beruhen, sondern nur ein Ausdruck für die Art und Weise sind, wie die elektrischen Kräfte aufeinander wirken.

Ist die Annahme des Äthers als gemeinschaftlichen Trägers der elektrischen und optischen Erscheinungen richtig, so ist eine gewisse Beziehung zwischen Elektricität und Licht in hohem Grade wahrscheinlich. Die neuesten Forschungen haben nun solche Beziehungen thatsächlich gezeigt und wir werden später einige derselben kennen lernen.

* * *

Kehren wir nun zu unseren Versuchen über die elektrischen Fernewirkungen zurück. Es drängt sich uns die Frage auf, ob die Beschaffenheit der Körper, welche zwischen dem influierenden Körper und dem Leiter sich befinden, einen Einfluss auf die Influenzwirkung hat!

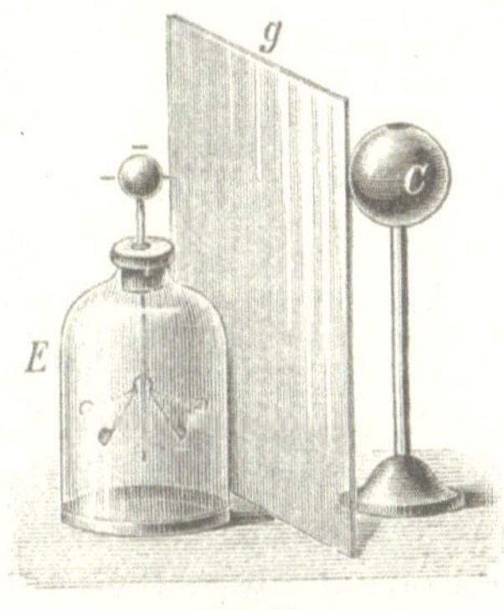

Fig. 27.
Elektrische Schirmwirkung. 1/3 natürl. Grösse.

Ich lade ein Papierelektroskop (E, Fig. 27) mit — E und stelle die mit + E geladene, isolierte grosse Kugel in die Nähe, so dass durch die Influenzwirkung der Ausschlag der Blättchen vermindert wird. (In Fig. 27 ist die ursprüngliche Stellung der Blättchen punktiert angegeben.) Jetzt stelle ich zwischen den influierenden Körper (C) und das Elektroskop (E) eine isolierende Glastafel (g) — die Wirkung auf das Elektroskop bleibt unverändert, ebenso wenn ich eine Ebonit- oder eine Glimmerplatte statt der Glasplatte anwende. Wir erkennen hieraus, dass die

Strahlen der elektrischen Kraft[17]) die Isolatoren ungehindert durchdringen. Das erscheint auf den ersten Blick auffallend, ist es aber nicht, wenn wir bedenken, dass die Luft doch auch ein Isolator ist.

Schirmwirkung von Drahtnetzen.

Nun ersetze ich die isolierende Platte (g, Fig. 27) durch eine Blechtafel. — Sofort sehen Sie, wie die Influenzwirkung der Kugel C auf das Elektroskop bedeutend geschwächt wird. Ein engmaschiges Drahtnetz hat dieselbe Wirkung.

Noch entscheidender ist folgender Versuch. Auf eine Blechplatte (p, Fig. 28) stelle ich das sehr empfindliche Aluminiumelektroskop, lade es, und stülpe einen Drahtnetzcylinder darüber, so dass das Elektroskop ringsum von einem Leiter

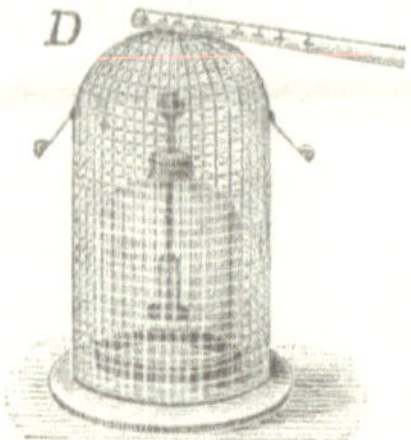

Fig. 28.
Elektrisches Schutznetz. $^1/_8$ natürl. Grösse.

umgeben ist. Jetzt kann ich den elektrischen Glasstab so nahe an das Netz heranbringen, als ich will, ja — sogar Funken überschlagen lassen, ohne dass das Elektroskop eine Zustandsänderung erfährt, während die am Netz befestigten Papierblättchen den elektrischen Zustand desselben anzeigen. Ich wiederhole den Versuch, nachdem ich das Elektroskop entladen, — es erfolgt keinerlei Influenzwirkung! Wir können sagen: Das Elektroskop befindet sich im elektrischen Schatten des umschliessenden Drahtnetzes. Das Drahtnetz wirkt, wie ein Schirm gegen Lichtstrahlen, d. h.:

Die Strahlen der elektrischen Kraft werden durch Leiter zurückgehalten, gehen aber durch Isolatoren hindurch!

---

[17]) Unter „Strahlen elektrischer Kraft" wollen wir die Richtung verstehen, in welcher die beobachtete elektrische Fernewirkung erfolgt, wie wir mit „Lichtstrahlen" die Richtung bezeichnen, in der, an einer bestimmten Stelle des Raumes, die Wellenzüge des Lichtes auf einander folgen.

Senke ich den influierenden Körper, z. B. eine isolierte Kugel, in das Innere einer abgeleiteten Hohlkugel, so findet keine Influenzwirkung auf ein nebenstehendes Elektroskop statt (Faraday). Sollte diese elektrische Schirmwirkung von Metallplatten oder Drahtnetzen nicht auch im Stande sein, die entladende Kraft einer Flamme zu hemmen, d. h. eine negative Wirkung auszuüben?

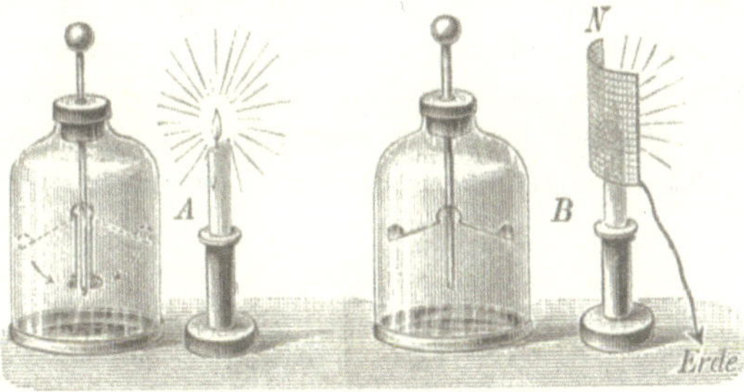

Fig. 29.
A. Spitzenwirkung einer Kerzenflamme.
B. Negative Schirmwirkung eines Drahtnetzes.

Ich lade ein Papierelektroskop (A, Fig. 29) und stelle ein brennendes Licht in die Nähe — Sie sehen, wie die Ladung des Elekroskopes sehr rasch abnimmt. Jetzt befestige ich ein zu einem Halbcylinder gebogenes Drahtnetz (B, Fig. 29, N) so vor der Flamme, dass alle von der Flammenspitze ausgehenden Lichtstrahlen, welche das Elektroskop treffen könnten, durch des Schutznetz gehen müssen. Teile ich nun dem Elektroskop eine Ladung mit, so erhält sie sich unverändert! Jetzt werden Sie die Bedeutung des Schutznetzes bei der Projektionslampe (N, Fig. 15, S. 27) verstehen.

* * *

Ableitung des Gesetzes der elektrischen Abstossung.

Wir wollen uns jetzt die Aufgabe stellen: zu ermitteln, in welchem Zusammenhange die Stärke der elektrischen Abstossung zwischen zwei isolierten, gleichnamig-elektrischen Körpern mit der Grösse der Ladung und mit der Entfernung der beiden Körper steht.

Hier sehen Sie (Fig. 30) zwei kugelförmige Hohlkörper (p und k) aus Goldpapier geklebt (oben mit einer Öffnung), von denen der eine (p) an zwei langen Seidenfäden, der andere (k) auf einem isolierenden Stäbchen so befestigt ist, dass beide Körper sich in der Ruhelage gerade berühren. Eine dahinter aufgestellte Millimeterskala gestattet uns, die seitliche Ablenkung des elektrischen Pendels (p) zu messen.

Einfluss der Ladungsstärke des influierend. Körpers.

Vermittelst eines Ebonitstabes, den ich an die Seidenfäden anlege, schiebe ich das Pendel p ein wenig zur Seite und lade die feststehende Kugel (k), indem ich ihr mit einer kleinen isolierten Probekugel eine gerade Anzahl Ladungen vom Kegelkonduktor (Fig. 14) zuführe. Nun lasse ich das Pendel langsam zurückfallen — die beiden, genau gleich grossen Körper p und k berühren sich und werden gleichstark

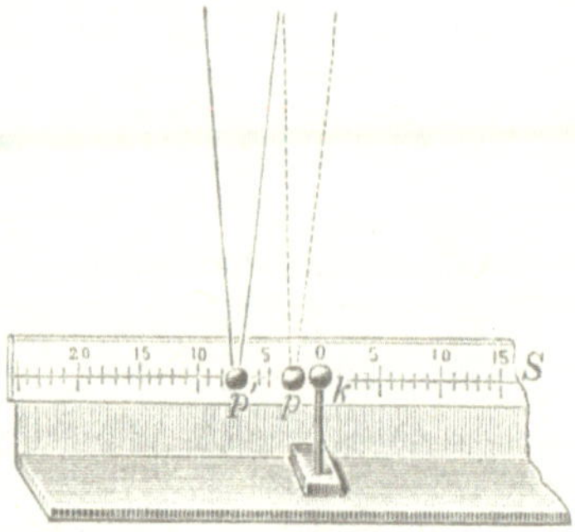

Fig. 30.
Pendel-Elektrometer nach Odstrčil. $^1/_{10}$ natürl. Grösse.

geladen. Durch die elektrische Abstossung wird jetzt p von k abgelenkt und nimmt eine neue Ruhelage (p' Fig. 30) an. Das Pendel p hat ein kleines Stück einer Kreislinie beschrieben, deren Mittelpunkt der Aufhängepunkt der beiden Seidenfäden ist. Die Schwerkraft der Erde ist bestrebt, das Pendel zurückzuziehen, dem wirkt die elektrische Abstossungskraft entgegen. Wie die Rechnung lehrt, ist, wegen der langen Fäden an denen das Pendel hängt und der kleinen Ausschläge, die wir anwenden, der Winkel um welchen das Pendel abgelenkt ist, sehr klein. Nach Gesetzen der Mechanik, die uns hier zu weit führen würden, ist in diesem Falle die Wirkung der Schwerkraft den seitlichen Ablenkungen des Pendels, die wir in Centimetern messen wollen, proportional. Da nun die elektrische Abstossungskraft der Wirkung der Schwerkraft das

Gleichgewicht hält, ihr also (entgegengesetzt) gleich ist, so bildet die in Centimetern abgelesene Entfernung der Kugelmittelpunkte[18]) (p und k) ein Maass für die elektrische Abstossungskraft.

Beginnen wir unsere Versuche! Ich entlade zunächst beide Kugeln und gebe, in der angegebenen Weise, der festen Kugel 2 Ladungen, mithin erhält nach der Berührung jede Kugel 1 Ladung — die Entfernung der Mittelpunkte beträgt a = 3 cm! Ich füge bei k noch eine Ladung hinzu, also hat k 2 Ladungen, p nur 1 Ladung — der Ausschlag = 6 cm. Bei 3-facher Ladung von k wird der Ausschlag = 9 cm, also 3 mal grösser.

Wiederhole ich die Versuche, gebe aber dem Pendel (p) 2 Ladungen, so erhalte ich die doppelten Ausschläge, wie vorhin, wie folgende kleine Tabelle zeigt:

	Pendel p	Standkugel k	Ablenkung a
I. Versuch	1 Ladung	1 Ladung	3 cm = 1 · 1 · (3 cm)
	1 Ladung	2 Ladungen	6 cm = 1 · 2 · (3 cm)
	1 Ladung	3 Ladungen	9 cm = 1 · 3 · (3 cm)
II. Versuch	2 Ladungen	1 Ladung	6 cm = 2 · 1 · (3 cm)
	2 Ladungen	2 Ladungen	12 cm = 2 · 2 · (3 cm)
	2 Ladungen	3 Ladungen	18 cm = 2 · 3 · (3 cm)

Wir können die in der letzten Kolonne (a) enthaltenen Zahlen erhalten, indem wir das Produkt der Anzahl Ladungen (von p und k) mit einem konstanten Faktor (3 cm) multiplicieren, der von der als Einheit benutzten Elektricitätsmenge abhängt, und derjenigen Abstossungskraft entspricht, welche beide Körper auf einander ausüben, wenn

[18]) Nach den Gesetzen der Mechanik wirkt eine gleichartige (homogene) Kugel auf einen Punkt an ihrer Oberfläche genau so, als wäre die ganze Masse der Kugel im Mittelpunkt vereinigt und wirke also aus der Entfernung r (= der des Halbmessers). Bei Hohlkugeln ist dasselbe der Fall, daher wirkt bei Berührung des Pendels p mit k die Abstossung so, als wären die beiden elektrischen Ladungen in den Mittelpunkten koncentriert, also im Abstande 2 r von einander.

jeder mit der Einheit der Elektricitätsmenge geladen ist. — Wir können mithin vorläufig sagen:

Die abstossende Kraft zweier gleichnamig-elektrischer Körper steht im geraden Verhältnis zur Ladungsstärke; oder wenn e und e' die Ladungen bezeichnen:

$$a = e \cdot e' \cdot \text{konst.}$$

* * *

Einfluss der Entfernung des influier. Körpers.

Jetzt wollen wir den Einfluss der Entfernung beider Körper studieren.

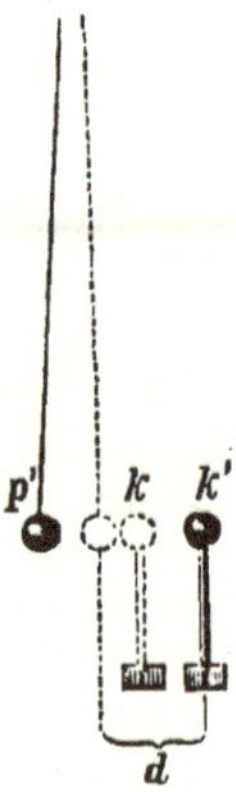

Fig. 31.

Da die beiden Hohlkugeln p und k 2 cm Durchmesser, oder 1 cm Halbmesser haben, so stehen ihre Mittelpunkte bei der Berührung (p, k, Fig. 31), d. h. in der Ruhelage um genau 2 cm von einander ab. Diese Entfernung d = 2 cm wollen wir zur Einheit nehmen.

Ich gebe der Kugel p 1 Ladung und der festen Kugel k 4 Ladungen. Die Ablenkung a = 12 cm. Jetzt rücke ich k in die Stellung k' Fig. 31, sodass — wenn p in der Ruhelage wäre — der Abstand der Mittelpunkte d' = 4 cm = 2 d betrüge. Der Ausschlag a' ist nun = 3 cm (von der Ruhelage). Ich rücke k nochmals um 2 cm nach rechts, sodass d'' = 3 d ist — der Ausschlag a'' = 1,3 cm. — Stellen wir wiederum die Resultate übersichtlich zusammen:

Entfernung der Kugelmittelpunkte in der Ruhelage	Ausschlag des Pendels (aus der Ruhelage)
2 cm = d	12 cm $= \frac{12}{1} = \frac{12}{1^2}$
4 cm = 2 d	3 cm $= \frac{12}{4} = \frac{12}{2^2}$
6 cm = 3 d	1,3 cm $= \frac{12}{9} = \frac{12}{3^2}$

Wir sehen hieraus: Rücken beide Kugeln in die 1, 2, 3 . . . n fache Entfernung, so sinkt die Ablenkung, also auch die ihr proportionale elektrische Abstossungskraft auf $^1/_1$, $^1/_4$, $^1/_9$ . . . $^1/n^2$, d. h.: Die abstossende Kraft zweier gleichnamig elektrischer Körper steht im umgekehrten Verhältnis zum Quadrat der Entfernung der Kugelmittelpunkte.

Ist nun die Entfernung der Kugelmittelpunkte = r, so ist die Abstossungskraft umgekehrt proportional zu r^2 oder direkt proportional dem reciproken Werte $^1/r^2$. Vorhin fanden wir, dass die Abstossungskraft zweier gleichnamig elektrischer Körper gleich dem Produkte der beiden elektrischen Ladungen sei (a. d. v. S.); also lautet das vollständige Gesetz der elektrischen Abstossung:

Die elektrische Abstossungskraft zweier gleichnamig elektrischer Kugeln ist gleich dem Produkt der beiden Elektricitätsmengen, dividiert durch das Quadrat des Abstandes (der Mittelpunkte). Coulomb'sches Gesetz.

Sind beide Körper ungleichnamig elektrisch so tritt statt Abstossung eine der absoluten Grösse nach gleiche Anziehung ein, die wir als eine negative Abstossung ansehen können.

$$\left.\begin{array}{l}\text{Bei gleichnamig elektrischen Körpern ist}\\ a = \frac{e \cdot e'}{r^2};\ \text{oder}\ \frac{(-e) \cdot (-e')}{r^2} = + \frac{e \cdot e'}{r^2}\\ \text{Bei ungleichnamig elektrischen Körpern ist}\\ a = \frac{e \cdot (-e')}{r^2};\ \text{oder}\ \frac{(-e) \cdot (+e')}{r^2} = - \frac{e \cdot e'}{r^2}\end{array}\right\} \quad . \quad . \ (2).$$

* * *

Dies Gesetz der elektrischen Abstossung ist zuerst von Coulomb (1785) auf einem sehr mühsamen Wege gefunden. Die von uns benutzte einfache Versuchsanordnung ist neuerdings von Odstrčil angegeben worden (Anh. 7).

Wir haben gesehen, dass ein ringsum von einem Leiter umgebenes Elektroskop keinerlei Influenzwirkung seitens eines von aussen genäherten elektrischen Körpers erfährt, ebensowenig, wenn der umgebende Leiter elektrisiert wird. Für eine umschliessende Hohlkugel, wo die Elektricität sich gleichmässig auf der äusseren Oberfläche lagert, folgt für das eben gefundene umgekehrt quadratische Gesetz — und zwar nur für ein solches —, dass die Wirkung der elektrischen Oberfläche auf einen Punkt des Hohlraumes = 0 ist. Die beobachtete Thatsache, dass die Elektricität nur auf der äusseren Oberfläche eines isolierten Leiters ihren Sitz hat, bildet zugleich den schärfsten Beweis für die Gültigkeit des Coulomb'schen Gesetzes!

* * *

Unser heutiges Ziel ist fast erreicht. Es bleibt uns nur noch übrig, zu untersuchen, in welchem Zusammenhange die Menge der Influenzelektricität mit der Entfernung und mit der Ladungsstärke des influierenden Körpers steht.

Ich setze das Elektrometer (E, Fig. 32) so auf den Schlitten (S) der optischen Bank, dass der Mittelpunkt der Elektrometerkugel (b) genau über dem Nullpunkt der Millimeterskala zu stehen kommt.

Die isolierte Hohlkugel (K) befindet sich in gleicher Höhe mit b. — Wird K nun stark elektrisiert und langsam nach dem Elektrometer zu geschoben, so beginnt das Blättchen sich allmälig zu heben — so! nun steht es genau auf 1,0! Die

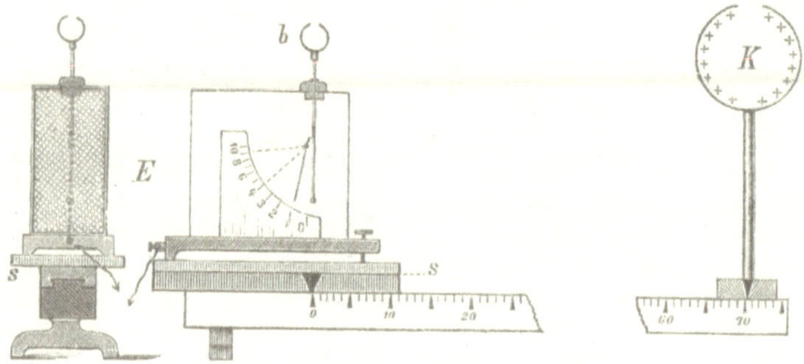

Fig. 32.
Quantitativer Influenzversuch. $^1/_8$ natürl. Grösse.

Entfernung beider Kugelmittelpunkte beträgt 70 cm. — Rücke ich K auf die halbe Entfernung $^{70}/_2 = 35$ cm, so zeigt das Elektrometer den Ausschlag 4,0; er ist also 4 mal grösser. Stelle ich K auf in $^1/_3$ der Entfernung, d. h. in einem Abstand von $^{70}/_3 = 23{,}3$ cm, so zeigt das Elektrometer 9,0, also einen 9 mal grösseren Ausschlag. Da, wie wir wissen, bei der Influenz +E und —E in gleichen Mengen erzeugt werden, so erhalten wir auch hier das umgekehrt quadratische Gesetz:

1. Influenzgesetz. Die durch Influenz erzeugten Mengen ±E stehen im umgekehrten Verhältnis zu dem Quadrat der Entfernung.

Berühre ich die influierende Kugel K mit einer genau eben so grossen isolierten Kugel, so bleibt der Ausschlag am Elektrometer derselbe. Entferne ich die berührende Kugel, so behält K nur die halbe Ladung und — Sie sehen, der Ausschlag am Elektrometer ist von 9,0 auf 4,5 gesunken, also nur halb so gross! Wiederhole ich die Berührung mit der wieder entladenen Hülfskugel, so zeigt das Elektrometer nach ihrer Entfernung nur noch 2,25, also $^1/_4$ des ursprünglichen Wertes.

Die durch Influenz in einem unelektrischen Leiter erzeugte Menge $\pm E$ steht im geraden Verhältnis zu der Ladungsstärke (J) des influierenden Körpers. Für die Entfernung r ist demnach das vollständige Influenzgesetz 2. Influenzgesetz.

$$\pm E = \frac{J}{r^2} \cdot k \quad \ldots\ldots\ldots \quad (3)$$

der Ausdruck für die durch Influenz erzeugte Elektricitätsmenge (E), wo k ein unveränderlicher (konstanter) Faktor ist, dessen Bedeutung wir später (S. 79) kennen lernen werden.

* * *

Das von uns soeben gefundene Influenzgesetz giebt uns einen Aufschluss über den Grund der Anziehung unelektrischer Körper durch elektrische.

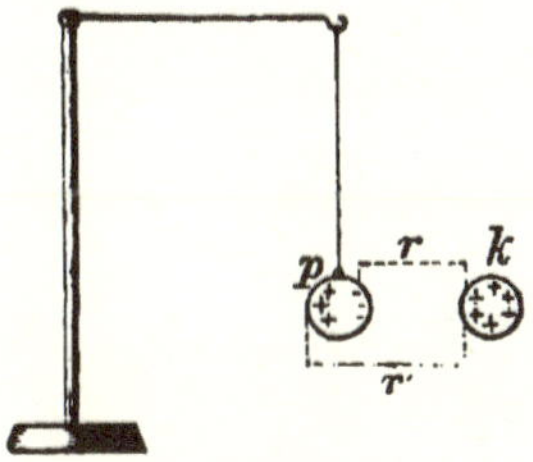

Fig. 33.

Ist p (Fig. 33) eines der von uns anfangs benutzten elektrischen Pendel und k ein elektrisierter Körper, so wird im unelektrischen Pendel p durch Influenz $+e$ und $-e$ erzeugt. Die ungleichnamige Elektricität begiebt sich auf die dem influierenden Körper zugewandte Seite, ist mithin diesem näher (r ist kleiner als r'), daher wird die Anziehung, die k ausübt, grösser sein müssen, als die Abstossung; und zwar wird, je näher der influierende Körper kommt, die Anziehung immer mehr überwiegen, und schliesslich so stark werden, dass der

Luftwiderstand überwunden werden kann. Die ungleichnamige Elektricität verlässt das Pendel p und neutralisiert auf k eine entsprechende Menge ungleichnamige Elektricität des influierenden Körpers k. Auf p bleibt mithin gleichnamige Elektricität zurück, wodurch das Pendel jetzt abgestossen wird. Es giebt also keine elektrische Ladung durch Mitteilung, sondern nur durch Influenz!

Damit wollen wir unsere heutige Wanderung abschliessen.

IV. Vortrag.

Wirkung des Plattenkondensators; Theorie des Kondensators; Verstärkungszahl des Plattenkondensators; Aichung des Elektrometers mit Hülfe des Kondensators; Der Kondensator als Ansammlungsapparat; Die elektrische Flasche; Das Elektrophor; Kapacitätsbestimmung einer elektrischen Flasche; Abhängigkeit der Kapacität eines Kondensators vom Plattenabstand; Dielektrische Konstante.

Wir haben auf unseren bisherigen drei Wanderungen die Grunderscheinungen beim Elektrisieren der Körper durch Reiben und durch Influenz kennen lernen. Heute können wir einige wichtige Anwendungen von den gefundenen Gesetzen machen; zuvor aber wollen wir die Resultate unserer letzten Versuche zusammenfassen:

1. Die elektrische Abstossungs- oder Anziehungskraft, welche zwei elektrische Körper auf einander ausüben, steht im geraden Verhältnis zu den Elektricitätsmengen der Körper und im umgekehrten Verhältnis zu dem Quadrat ihres Abstandes (Coulomb'sches Gesetz $a = \pm e \cdot e'/r^2$). Rückblick.

2. Durch Elektrisierung eines Körpers wird in allen benachbarten Leitern das elektrische Gleichgewicht gestört — die ungleichnamige Elektricität wird herangezogen und gebunden, die gleichnamige Elektricität abgestossen. Ist der Leiter isoliert, und wird — während der influierende Körper in der Nähe ist — auf einen Augenblick ableitend berührt, so fliesst die freie, gleichnamige Elektricität ab und der Leiter bleibt, nach Entfernung des influierenden Körpers, mit ungleichnamiger Elektricität geladen zurück. — Die durch Influenz in einem Leiter erzeugten Mengen $+E$ und $-E$ sind einander gleich. Das gewährt die Möglichkeit, zarte Elektroskope beliebig stark zu laden.

3. Die Influenzwirkung geschieht durch Isolatoren hindurch, wird aber durch leitende Schirme gehemmt und ist ganz aufgehoben, wenn der influierende oder der influierte Körper vollständig von einem nicht isolierten Leiter umgeben ist. — Die Menge der Influenzelektricität steht im geraden Verhältnis zur Ladung des influierenden Körpers und im umgekehrten Verhältnis zum Quadrat der Entfernung. Hieraus ergiebt sich, dass die Ladung eines Körpers nur scheinbar durch Mitteilung (Berührung) erfolgt, in Wirklichkeit aber durch Influenz geschieht.

Wir wollen jetzt die Influenzwirkung untersuchen, welche zwei ebene Metallplatten auf einander ausüben, wenn sie sich sehr nahe gegenüberstehen, aber durch eine isolierende Schicht von einander getrennt sind.

Auf ein Papierelektroskop (E, Fig. 34) schraube ich statt der Kugel eine gut eben geschliffene Metallplatte (p_1). Auf diese lege ich eine sehr dünne Glimmerplatte (g), welche die Metallplatte allseitig um 2—3 cm überragt. Auf diese kommt eine zweite, der vorigen gleiche Metallplatte (p_2), die mit einem Ebonithandgriff (h) versehen ist. Auf diese obere Platte stelle ich das schon früher von uns benutzte kleine Hülfselektroskop (e), welches auf eine metallene Fussplatte geschraubt ist.

Lade ich nun die untere Platte (p_1) durch Berührung mit einer isolierten Probekugel, welche ich am elektrisierten Konduktor (vergl. Fig. 14, S. 26) geladen habe, so zeigt das Elektroskop einen kleinen Ausschlag. Sollte wohl die Probekugel ihre ganze Ladung abgegeben haben? Da steht ja unser Elektrometer auf dem kleinen Projektionstischchen bereit (vergl. Fig. 15). Ich schraube eine Hohlkugel auf und senke die kleine Probekugel in das Innere derselben — Sie sehen, es erfolgt ein Ausschlag, d. h. die Probekugel hat, nach Berührung mit der Metallplatte einen Teil ihrer Ladung behalten!

Ich wiederhole den Versuch, berühre aber zugleich die obere Platte mit dem Finger — es tritt scheinbar gar keine Wirkung ein, jedoch zeigt die Probekugel jetzt am Elektrometer keine Spur von einer Ladung mehr. Wo ist die Elektricität der Probekugel geblieben? — Ich wiederhole den

Versuch 5—6 mal — der Erfolg ist immer derselbe. Die Probekugel giebt doch, da sie nach der Berührung mit der unteren Platte p_1 unelektrisch wird, dieser die ganze Ladung ab, die auf die gleichzeitig abgeleitete obere Platte nicht übergehen kann, da eine isolierende Platte dazwischen ist, dennoch zeigt das Elektroskop kaum eine Spur von Ladung. — Hebe ich aber jetzt die obere Platte (p_2) am isolierenden Handgriff auf — — so sehen Sie, dass beide Platten stark elektrisch sind (II, Fig. 34). Eine Probe zeigt, dass die untere Platte mit der berührenden Kugel gleichnamig, die obere dagegen ungleichnamig elektrisch ist.

Hier liegt natürlich eine Influenzwirkung vor! Die elektrisierte untere Platte spielt die Rolle des influierenden

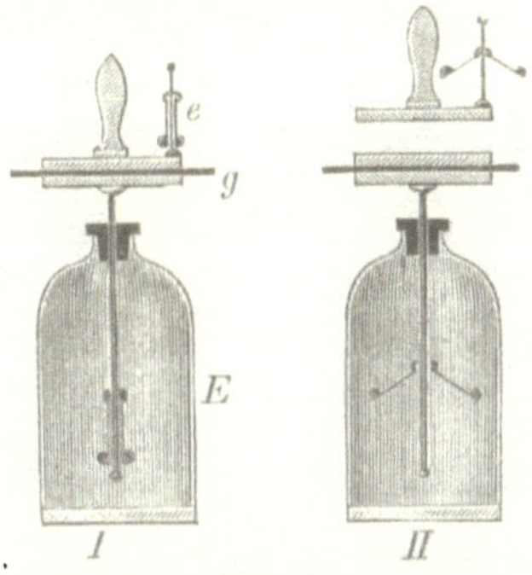

Fig. 34.
Platten-Kondensator. $^1/_{10}$ natürl. Grösse.

Körpers, die obere Platte die des isolierten Leiters. Während die Platten — durch die Glimmerscheibe isoliert — auf einanderliegen, befindet sich die Elektricität auf beiden in dem Zustande, welchen wir das letzte Mal als „gebunden" bezeichneten. Wir können vorläufig nur annehmen, dass die gegenseitige Anziehung der beiden in grosser Nähe befindlichen, entgegengesetzten Elektricitäten so stark ist, dass beide Elektricitäten nicht nur ihre freie Beweglichkeit verlieren, sondern sich auch möglichst zu nähern suchen. Hieraus folgt, dass sie sich fast ausschliesslich auf den einander zugekehrten Flächen beider Platten anhäufen müssen; daher werden die übrigen Teile der Platten, sowie die Leitungsstäbe mit den Blättchen keine freie Elektricität mehr enthalten. Hieraus erklärt sich der scheinbar unelektrische Zustand der beiden Elektroskope (E und e, Fig. 34, I) vor dem Abheben der oberen Platte.

Nun drängt sich uns die Frage auf: Ist die durch die beiden sehr nahestehenden Platten bewirkte Bindung der Elektricitäten eine vollständige oder nicht? Nehmen wir zunächst den ersten Fall an. Denken Sie sich also, dass die durch Influenz erzeugte — E der oberen Platte die ganze + E der unteren Platte binden könne. Was wäre die Folge? Offenbar darf dann — während die obere Platte abgeleitet ist — die untere Platte, auch bei stärkeren Ladungen, keine freie Elektricität zeigen! Ferner darf, durch eine abwechselnde Berührung beider Platten mit der Hand,

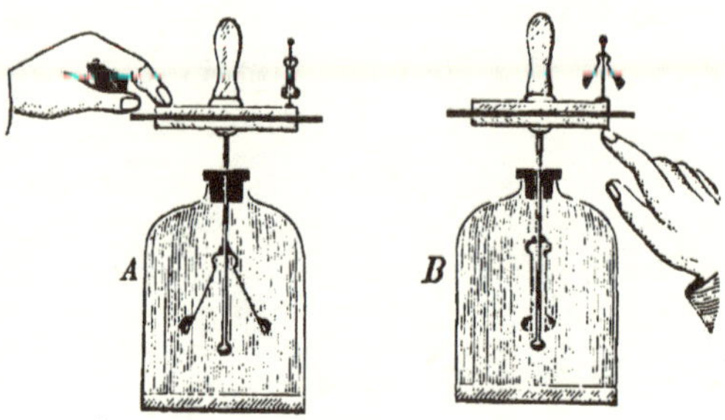

Fig. 35.
Wirkungsweise des Kondensators.

kein Elektricitätsverlust auftreten, also die Ladung nicht abnehmen. Das können wir durch den Versuch prüfen.

Ich lade die untere Platte stärker wie bisher, während ich die obere ableitend berühre, Sie sehen, wie nach einer gewissen, grösseren Anzahl von Ladungen, die Blättchen der unteren Platte langsam auseinandergehen, also eine stetig zunehmende Ladung freier Elektricität zeigen, während die der oberen Platte in der Ruhelage verharren (A, Fig. 35). — Berühre ich jetzt die untere Platte, so fallen hier die Blättchen zusammen, während die der oberen sich heben (B, Fig. 35). — Beim Aufheben der oberen Platte zeigen beide Elektroskope einen sehr starken Ausschlag. Setze ich aber die abwechselnde Berührung beider Platten fort, so nimmt der Ausschlag bei der eben nicht berührten Platte ab, und nach dem

Abheben der oberen Platte zeigen die beiden Elektroskope eine bedeutend schwächere Ladung!

Wir sehen hieraus, dass unsere erste Annahme: die Elektricität beider Platten könne sich vollständig binden, nicht berechtigt war. Immerhin zeigen beide Platten nach der Trennung eine viel grössere Menge freier Elektricität, als vorher. Die Elektricitäten befanden sich, so lange die Platten nur durch die dünne Glimmerscheibe getrennt waren, in einem verdichteten, gewissermaassen kondensierten Zustande auf den beiden inneren, d. h. einander zugekehrten Plattenflächen angehäuft. — Daher nennt man ein solches, durch eine isolierende Schicht getrenntes, Plattenpaar auch Plattenkondensator oder kurzweg *Kondensator.*

Lenz'sche Theorie des Kondensators.

Um uns eine Vorstellung von der Wirkungsweise eines Kondensators zu bilden, können wir uns denken, dass bei Berührung mit einer konstanten Elektricitätsquelle jede der Platten für sich 1000 Einheiten freier Elektricität aufzunehmen vermöchte. Nehmen wir nun an, dass die bindende Kraft jeder Platte im Stande sei $^{99}/_{100} = 0{,}99$ ihrer Ladung auf der anderen Platte durch die dünne, isolierende Glimmerplatte hindurch zu binden. Führen wir nun der unteren Platte 1000 elektrische Einheiten zu, während wir die obere Platte ableitend berühren, so werden auf dieser $^{99}/_{100} = 0{,}99$ von der Ladung der direkt elektrisierten unteren Platte gebunden. Diese $^{99}/_{100}$ der Ladung binden wiederum $^{99}/_{100}$ ihres Betrages, d. h. $0{,}99 \times 0{,}99 = 0{,}9801$ von der ganzen Ladung der unteren Platte. Wiederholen wir die Ladung der unteren Platte, bei gleichzeitiger Ableitung der oberen, so lange, bis die freie Elektricität auf der unteren Platte ihr Maximum erreicht, also = 1000 Einheiten wird.

Bezeichnen wir jetzt die Gesamtladung der unteren Platte, d. h. die Summe der gebundenen und der freien Elektricität, mit x, so haben wir nach Obigem auf der oberen Platte eine Ladung = $0{,}99\,x$; diese bindet wiederum auf der unteren Platte $^{99}/_{100}$ ihres Betrages, also $0{,}99 \times 0{,}99\,x = 0{,}9801\,x$. Wir haben also auf der unteren Platte:

eine Gesamtladung $= x$
davon gebunden $(0{,}99)^2 \,.\, x = 0{,}9801\,x$
mithin an freier Elektricität $x - 0{,}9801x = 0{,}0198\,x$.

Nun war, unserer Annahme gemäss, die Menge der freien Elektricität auf der unteren Platte = 1000; also ist 0,0198 x = 1000, mithin x = 1000/0,0198 = *50505*.

Die untere Platte enthält mithin jetzt 50505 elektrische Einheiten, oder 50505/1000 = *50,505* mal mehr Elektricität als sie für sich allein aufzunehmen vermag. Heben wir die obere Platte ab, so wird die ganze Ladung auf der unteren Platte frei und hat eine 50,505 mal grössere Dichte, als vorhin. Diese Zahl 50,505 können wir die Verdichtungskonstante oder die Verstärkungszahl des Kondensators nennen.

Verstärkungszahl des Kondensators.

Die Kondensatorplatten können also dazu dienen, sehr schwache elektrische Ladungen, welche selbst an dem so empfindlichen Aluminium-Elektroskop nicht mehr nachweisbar sind, anzusammeln, und so deren Wirkung derart zu verstärken, dass wir sie am Elektrometer wahrnehmen können! Wir werden später, beim Galvanismus, eine sehr wichtige Anwendung dieser von Volta (1783) erfundenen Kondensatoren machen. Die Kondensatorplatten sind also im wahren Sinne des Wortes elektrische Ansammlungsapparate! Da hier die Menge der freien Elektricität verhältnismässig gering ist, so ist auch der Elektricitätsverlust beim geschlossenen Kondensator, d. h. wenn die Platten nur durch die isolierende Schicht getrennt sind, sehr unbedeutend, daher kommt es, dass man auf diese Weise eine elektrische Ladung tagelang zu halten vermag.

Wir haben (S. 15) gesehen: „Bei gleichem elektrischen Zustandsgrade zweier Körper geht keine Elektricität von dem einen Körper auf den anderen über.“ Hieraus ergiebt sich das für elektrische Messungen wichtige Resultat: Ein Kondensator kann nur soweit geladen werden, bis die nicht gebundene Elektricität auf der unmittelbar elektrisierten Platte denselben Elektricitätsgrad angenommen hat, den die benutzte Elektricitätsquelle aufweist.

Da wir später oft mit den Kondensatoren zu thun haben werden, so ist es uns von Interesse zu erfahren, wie gross die Verstärkungszahl dieses einen, besonders sorgfältig gearbeiteten Kondensators ist, den wir oft zu Messungen benutzen werden und daher unseren Normalkondensator[19]) nennen wollen. Er ist durchweg vernickelt und an den inneren Flächen und am Rande mit einem sehr dünnen und gleichmässigen Überzuge von Schellackfirnis versehen. Da die Platten ausserdem sehr eben sind, so wird die Verstärkungszahl dieses Normalkondensators sehr bedeutend sein.

Ich schraube eine Platte auf das Elektrometer, dessen Gehäuse — wie bei allen messenden Versuchen — mit der Erdleitung verbunden ist. Nun gebe ich dem Elektrometer durch Influenz eine Ladung $L = 4$ Aichungseinheiten. Setze ich nun die obere, durch einen Ebonitgriff isolierte, und mit

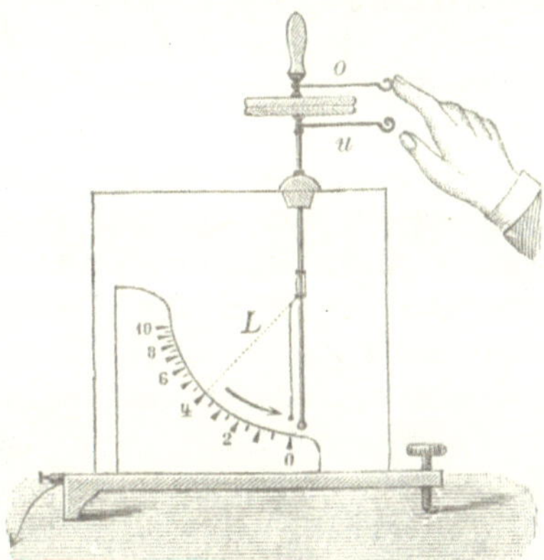

Fig 36.
Elektrometer mit Aichungsskala. 1/5 natürl. Grösse.

einem vernickelten Ableitungsdraht (o) versehene Platte auf und berühre sie ableitend, so fällt das Blättchen des Elektrometers völlig zusammen (Fig. 36) — ein Zeichen dafür, dass die Menge der freien Elektricität auf der unteren Platte ausserordentlich gering ist. Dementsprechend ist, wenn ich jetzt auch die untere Platte ableite, indem ich den Draht u berühre, und dann die obere Platte abhebe, die jetzige Ladung $L_1 = 3{,}97$ oder 3,98, weicht also von der ursprünglichen Ladung (L) nur um 0,03 bis 0,02 Einheiten ab; also hat vorhin

[19]) Dieser besonders gut wirkende Kondensator ist von dem Universitätsmechaniker P. Schultze in Dorpat hergestellt worden.

die freie Elektricität nur 2—3 Hundertstel-Aichungseinheiten betragen! Da die ursprüngliche Ladung L = 4,0 war, so ergiebt sich hieraus für unseren Normalkondensator eine Verstärkungzahl D = 4/0,03 bis 4/0,02 = *133* bis *200*. Nach einer genaueren Methode (Anh. 8) ergab sich $D = 204$, d. h. wenn wir den geschlossenen Kondensator so laden, dass die freie Elektricität der unteren, mit dem Elektrometer verbunden Platte gleich der Elektricitätsmenge *e* ist, so ist bei geöffnetem Kondensator die Menge der freien Elektricität = 204 e, d. h. 204 mal so gross. Sie ersehen hieraus, dass durch Anwendung dieses Kondensators die Empfindlichkeit des Elektrometers auf das 200fache erhöht wird. Da nun unsere Aichungsskala mit und ohne Kondensator benutzt werden kann, so dürfen wir nicht vergessen, dass in letzterem Falle 200 mal mehr Elektricität auf die Skaleneinheit kommt.

Die durch Influenz in der abgeleiteten oberen Kondensatorplatte erzeugte Elektricitätsmenge steht, wie wir sehen, in einem ganz bestimmten, von der Verstärkungszahl der betreffenden Platten abhängigen Verhältnis zur Ladung der festen Platte. Da wir nun durch Influenz ein Elektroskop genau bis zu einem beliebigen Skalenpunkt laden können, so liefert uns die abgeleitete und dann abgehobene obere Kondensatorplatte stets dieselbe bestimmte Elektricitätsmenge, solange die untere Platte ihre ursprüngliche Ladung beibehält, wovon wir uns leicht dadurch überzeugen können, dass wir den Ausschlag der Blättchen von Zeit zu Zeit beobachten.

Der Kondensator als konstante Elektricitätsquelle.

Ein Kondensator kann uns mithin auch als sehr beständige Elektricitätquelle dienen, um — mittelst eines anderen Kondensators — das Elektrometer zu aichen! Diese Methode gewährt noch den grossen Vorteil, dass die Messung nicht durch Elektricitätsverluste gestört wird, da bei geschlossenem Kondensator die freie Elektricität, also auch der Elektricitätverlust ganz unmerklich ist.

Aichung des Elektrometers (II. Methode).

In die Nähe des Elektrometers stelle ich ein mit einem Kondensator versehenes Aluminiumelektroskop (A, Fig. 37) von erprobter, vorzüglicher Isolierfähigkeit. Ich lade es durch Influenz mit + E, setze die obere Platte (o) auf, berühre sie ableitend und übertrage ihre Ladung auf den Kondensator des Elektrometers in der Weise, wie B, Fig. 37 zeigt. Das Elektrometer zeigt nun, nach dem Abheben der oberen Platte, einen gewissen Ausschlag a_1, der in einem bestimmten Verhältnis zur Ladung des Elektroskopes A steht, also durch diese genau reguliert werden kann. Führe ich auf dieselbe Weise 2, 3, 4 u.s.w. Ladungen dem Elektrometer zu, so erhalte ich die betreffenden Ausschläge des Elektrometers, die 2, 3, 4 . . . der gewählten elektrischen Einheiten entsprechen. Auf diese Weise ist unsere Projektions-Aichungskala entstanden, wobei

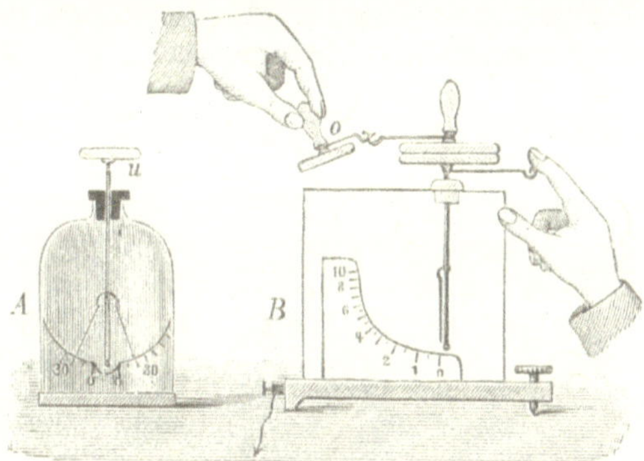

Fig. 37.
Aichung des Elektrometers. 1/7 natürl. Grösse.

nur als Einheit ein erst später genauer zu bestimmender Elektricitätsgrad angenommen wurde, welcher dem Physiker Volta zu Ehren den Namen „*Volt*" erhalten hat. Unsere Aichungsskala ist also — bei Anwendung des Normalkondensators[20]) — zugleich eine Volt-Skala. Ohne Kondensator (z. B.

[20]) Die Verstärkungszahl eines Kondensators ist u. a. von der Witterung abhängig, daher gilt unsere Voltskala, genau genommen, nur für den damaligen Zustand des Kondensators. Deshalb ist aber die Skala immerhin als Aichungsskala auch für andere Kondensatorplatten brauchbar. Wollten wir aber den beobachteten Elektricitätsgrad in Volt angeben, so hätten wir nur nötig, den Ausschlag zu bestimmen, den 1 Volt hervorruft, z. B. 0,85; dann wäre der Bruch 1/0,85 der Reduktionsfaktor, mit dem wir die beobachteten Werte zu multiplicieren hätten.

mit der unteren Platte allein) entspricht eine Skaleneinheit, wie wir sahen, einem 200 mal grösseren Zustandsgrad, also 200 Volt.

* * *

Wir erkannten schon (S. 64), dass ein Kondensator — auch bei sonst vorzüglicher Isolation — nur soweit geladen werden kann, bis die nicht gebundene Elektricität auf der elektrisierten Platte denselben elektrischen Zustandsgrad angenommen hat, den die benutzte Elektricitätsquelle besitzt. Durch die Verdichtungskraft des Kondensators ist es aber möglich, das Fassungsvermögen, die Kapacität, der Platten künstlich zu vergrössern. Bisher haben wir nur sehr kleine Elektricitäts-

Kapacität des Kondensators.

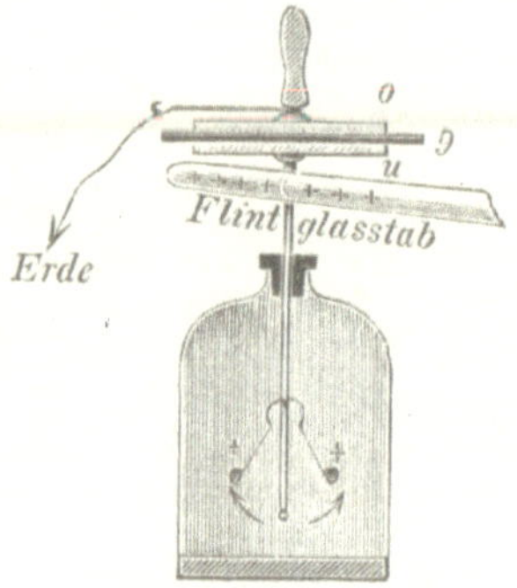

Fig. 39.

mengen auf diese Weise angesammelt. Wir können aber auch grössere Elektricitätsmengen verwenden, nur muss die isolierende Schicht genügend dick sein, um ein Überschlagen von elektrischen Funken durch die Schicht hindurch zu verhindern.

Ich benutze dieselben Messingplatten, die ich bei unserem heutigen ersten Versuche verwandte, nur lege ich eine Glimmerplatte von 1 mm Dicke dazwischen, welche die Kondensatorplatten allseitig um 2 bis 3 cm überragt. Während ich die obere Platte ableitend berühre, lade ich die untere mit dem elektrisierten Flintglasstabe, indem ich ihn an den Leitungsstab des Elektroskopes (Fig. 38) anlege und abziehe. Dieses wiederhole ich etwa 10 mal. Sie sehen, die Blättchen des Elektroskopes zeigen freie Elektricität an. — Hebe ich nun die obere Platte in möglichst wagerechter Stellung ab, so kann ich beiden Platten durch Annäherung des Knöchels meines Zeigefingers einen deutlich sichtbaren und hörbaren Funken entlocken. Ich wiederhole nochmals den Versuch und bitte Sie, beide Platten des geschlossenen Kondensators gleichzeitig zu berühren — Sie fühlen ein Prickeln in den berührenden Fingern, das empfindlicher ist als das durch Überschlagen des Funkens aus der abgehobenen Platte bewirkte Stechen.

Wollten wir diese Art der Kondensatoren einfacher herstellen, so brauchten wir nur eine gut isolierende Glastafel beiderseits mit Zinnfolie so zu bekleben, dass ein isolierender Rand übrig bleibt (Franklin's Tafel), doch sind solche Apparate leicht zerbrechlich. Eine handlichere Form der Kondensatoren für grössere Elektricitätsmengen stellt die von Kleist

Fig. 39.
Zerlegbare elektrische Flasche. $^1/_{10}$ natürl. Grösse.

(1745) und Cunäus in Leyden (1746) erfundene elektrische Flasche dar, die auch unter dem Namen der „Kleist'schen" oder „Leydener Flasche" bekannt ist.

Hier lege ich Ihnen ein zerlegbares Exemplar der elektrischen Flasche vor, an welchem wir die Wirkungsweise bequem kennen lernen können (Fig. 39). **Zerlegbare elektrische Flasche.**

Ein geschlossenes Blechgefäss (i), das mit einem starken Leitungsstabe und einer Kugel versehen ist, passt genau in ein gut isolierendes Becherglas (g) und dieses in ein offenes Blechgefäss (a). B, Fig. 39 zeigt die zusammengesetzte elektrische Flasche. Der Blechmantel a wird die äussere, und i die innere Belegung genannt.

Ich lade die Flasche, indem ich den elektrisierten Glasstab wiederholt, etwa 15—20 mal, an der Stelle ansetze, wo die Kugel am Leitungsstabe aufsitzt, und fortziehe, sodass möglichst viele Oberflächenteile mit dem Metall in Berührung kommen; zugleich berühre ich mit der anderen Hand die äussere Belegung oder ich hake den Draht der Erdleitung in eine hier angelötete Drahtöse (o). Berühre ich nun mit dem sogenannten Auslader (Fig. 39, L) — der aus einem starken Draht besteht, welcher mit 2 Metallkugeln und einem isolierenden Handgriff (g) versehen ist — zuerst die äussere Belegung und nähere dann die andere Kugel der Flaschenkugel, so hören Sie einen scharfen Knall und sehen einen glänzenden Funken überspringen.

Wollen Sie die Wirkung dieses Kondensators erproben? Während ich die Flasche nochmals lade, bilden Sie eine Kette von 3 bis 4 Personen, die sich die Hände reichen. Der erste in der Kette fasse die Flasche an der äusseren Blechhülle — so! Der letzte in der Kette berühre mit einem Knöchel (nicht mit der Fingerspitze!) der freien Hand die Kugel — — Sie zucken Alle zusammen, weil der elektrische Schlag durch Ihren Körper fuhr und Ihre Hand- und Armmuskeln bis zum Ellenbogen krampfhaft zusammenzog! — Dieses ist eine kleine Flasche. Die grössere, die Sie dort auf dem Nebentische stehen sehen (Fig. 40), kann noch weit stärker geladen werden. Das Glasgefäss hat eine cylindrische Gestalt und ist aussen und innen mit Zinnfolie bis zu $^2/_3$ seiner Höhe beklebt. Der Leitungsstab ist durch einen Ebonitpfropf vom Holzdeckel isoliert, der ihm mehr Halt giebt und das Innere des Gefässes vor Staub schützt. Das untere Ende des Leitungsstabes ist mit 3 schmalen, federnden Blechstreifen (s) versehen, welche die leitende Verbindung mit der inneren Staniolbelegung herstellen. Zur Erhöhung der Isolierfähigkeit ist die nicht belegte Glasfläche, nach vorhergehender genügender Erwärmung, mit Schellackfirnis überzogen worden.

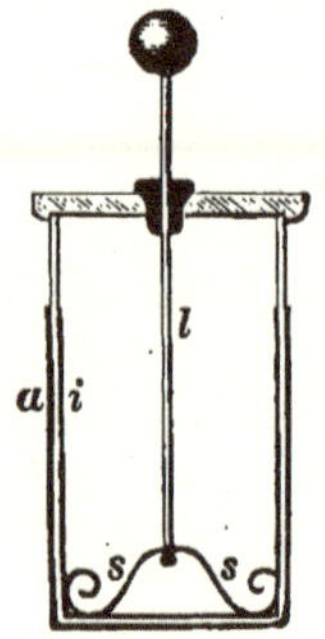

Fig. 40.
Grosse elektrische Flasche.
$^1/_{15}$ natürl. Grösse.

Ehe wir die Wirkungsweise der elektrischen oder Leydener Flasche weiter verfolgen, wollen wir uns nach einem Hülfsmittel umsehen, das uns in den Stand setzt, in bequemerer Weise grössere Elektricitätsmengen zu erzeugen, als es mit dem Flintglasstabe möglich ist. Ein solcher Apparat, der zugleich eine interessante Verwendung der Influenzelektricität zeigt, ist das Elektrophor (Wilke 1762).

Ich nehme eine 5—6 mm dicke Ebonitscheibe, deren obere Fläche mit Schmirgelpapier abgerieben[21]) und deren untere Fläche mit starkem Zinnpapier (Stanniol) beklebt ist. Ich lege die Ebonitplatte (E, Fig. 41) auf eine etwas grössere Blechplatte (b) und peitsche sie mit einem Fuchsschwanz. Darauf setze ich eine hohle Metallscheibe mit abgerundeten Rändern (D) und einem isolierenden Handgriff auf die elektrisierte Ebonitplatte und hebe sie wieder ab — sie ist unelektrisch. Berühre ich diese Platte, den sogenannten Deckel des Elektrophors mit der Hand, während er aufliegt, so hören wir ein Knistern und der wieder aufgehobene Deckel ist stark positiv elektrisch! Noch kräftiger ist die Wirkung, wenn ich die untere Blech-

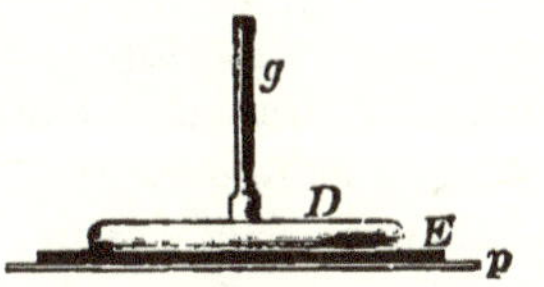

Fig. 41.
Elektrophor. 1/10 natürl. Grösse.

platte (b, Fig. 41) und den aufliegenden Deckel zugleich berühre. Versuchen Sie es einmal ein kleiner Schlag erfolgt, der an die Entladung der elektrischen Flasche erinnert und, wie wir gleich sehen werden, auf einer verwandten Erscheinung beruht. Der jetzt abgehobene Deckel ist noch stärker

[21]) Dieses Abreiben der Ebonitplatte mit Schmirgel- oder Glaspapier hat einen doppelten Zweck. Einerseits soll eine matte Fläche erzielt werden, da eine solche stärker negativ elektrisch wird (s. o. S. 13); zugleich soll die oxydierte, leitende oberste Schicht entfernt werden. Die meisten Ebonitsorten zeigen dieses sehr störende Oxydieren an der Luft, andere — die sich äusserlich gar nicht unterscheiden — haben diese Eigenschaft nicht. So sind z. B. die Ebonitpfropfen bei unserem Aluminium-Elektroskop und beim Elektrometer seit 5 Jahren in Gebrauch, ohne ihre Isolierfähigkeit im Geringsten einzubüssen. Weniger gute Pfropfen müssen, nach einem Vorschlage von Prof. Weinhold, von Neuem abgeschliffen und sofort mit Schellackfirnis überzogen werden.

positiv elektrisch geworden, so dass er bei Annäherung des Knöchels 3—4 cm lange, ziemlich empfindliche Funken giebt.

Welche Wirkung hatte nun die gleichzeitige Berührung beider Platten?

Innerer Vorgang. Die stark negativ elektrische Ebonitplatte erzeugt durch Influenz im Deckel und zugleich auf ihrer unteren Seite $\pm E$. Die abgestossene — E des Deckels kann nur fort, wenn er ableitend berührt wird, dagegen fliesst die — E der Bodenplatte durch den Tisch zur Erde ab; es bleibt mithin hier + E gebunden zurück und wirkt ihrerseits bindend auf die Ladung der elektrisierten Fläche, wodurch deren freie Elektricität vermindert wird. Werden nun beide Metallplatten leitend verbunden, so vereinigt sich die freie — E des Deckels mit der — wegen der grösseren Entfernung von der elektrisierten Oberfläche — schwächer gebundenen + E der Bodenplatte; dadurch wird der bisher gebundene Teil der — E auf der elektrisierten Fläche frei und verstärkt die Influenzwirkung auf den Deckel. Dass der Vorgang sich in dieser Weise abspielt, geht u. a. aus folgendem Versuch hervor. Ich lege den wieder entladenen Deckel von Neuem auf und berühre ihn allein ableitend. Bitte, berühren Sie ihn nochmals! — Sie empfinden keine weitere Entladung. Jetzt halten Sie den einen Finger fest auf dem Deckel und berühren Sie zugleich die Bodenplatte (b) !— Sie fühlen einen deutlichen Schlag, wenngleich nicht so stark, wie vorhin! Der Grund dafür liegt darin, dass auf der unteren Seite der Ebonitplatte gebundene + E Ihre Hand als Brücke benutzte, um in die untere Fläche des Deckels, also möglichst nahe an die —E der Ebonitfläche heranzukommen! *Hieraus ersehen wir, dass unter Umständen die „gebundene“ Elektricität abgeleitet werden kann!* — Warum vereinigen sich aber beide Elektricitäten, des Deckels und der elektrisierten Scheibe, nicht, da sich die beiden Oberflächen doch berühren? Der Grund ist der, dass ein Isolator überhaupt seine Ladung nur schwer abgiebt. (Ausserdem hat jede Fläche, auch die glatteste, kleine Erhöhungen; also ruht der Elektrophordeckel gewissermassen auf isolierenden Spitzen.) Die Ladung der Ebonitplatte nimmt anfangs etwas, später so wenig ab, dass — wenn der aufgesetzte Deckel ableitend berührt worden ist — ein Elektrophor seine Ladung bei trockener Luft wochenlang erhalten kann.

Die ursprünglichen Elektrophorplatten bestanden aus gegossenen Harzmassen, die sich aber ihrer Zerbrechlichkeit wegen nicht gut zu diesem Zwecke eignen.

* * *

Kehren wir jetzt zu unseren Versuchen mit der elektrischen Flasche zurück. Laden wir zunächst die zerlegbare Flasche (Fig. 38) — 10 Ladungen des Elektrophordeckels werden genügen. Beim Entladen vermittelst des Ausladers (Fig. 39) tritt ein weit glänzenderer Funken auf, der von einem bedeutend stärkeren Knall begleitet ist, als beim vorigen Versuch. Jetzt, nachdem die Flasche entladen ist, klopfe ich mit dem Bleistift an das Glasgefäss und — wir können nochmals eine, wenn auch schwache, Entladung erzielen. Durch längeres Stehenlassen hätten wir dasselbe erreicht.

Flaschenresiduum

Wie sollen wir uns diese R e s t l a d u n g, das sogenannte „Flaschenresiduum“ erklären?

Ich stelle die zerlegbare Flasche auf einen gut isolierenden Paraffinblock und knüpfe um den Leitungsstab einen starken Seidenfaden. Jetzt elektrisiere ich die Flasche wie vorhin, wobei ich natürlich die äussere Belegung ableitend berühre, und hebe am Faden die innere Belegung heraus. Ein damit berührtes Papierelektroskop zeigt eine nur mässige Ladung + E.

Nun hebe ich das Glasgefäss heraus und berühre die isolierte äussere Belegung mit dem Kopfe des wieder entladenen Papierelektroskopes — es ist kaum eine Spur — E erkennbar! S e t z e i c h a b e r d i e F l a s c h e w i e d e r z u s a m m e n, s o t r i t t — b e i m A n l e g e n d e s A u s l a d e r s — e i n g l ä n z e n d e r F u n k e n a u f, d e s s e n l a u t e r K n a l l b e w e i s t, d a s s d i e e l e k t r i s c h e F l a s c h e i h r e L a d u n g b e h a l t e n h a t t e.

Offenbar hatte sich der von uns „gebunden“ genannte Teil der Ladung auf die Oberfläche des Glases begeben. Möglicher Weise war auch ein Bruchteil der Ladung in das Glas eingedrungen. Da nun, wie wir wissen, die Isolatoren dem F l i e s s e n der Elektricität einen sehr grossen Widerstand entgegensetzen, die Funkenentladung aber in ausserordentlich kurzer Zeit erfolgt, so kann nicht alle Elektricität rasch genug folgen, es bleibt mithin ein Rest zurück. Erst wenn durch die Entladung die vorhandenen Elektricitätsmengen und damit die gegenseitige Anziehungskraft stark vermindert ist, erlangen — bildlich gesprochen — die nachgebliebenen elektrischen Teilchen eine grössere Beweglichkeit. Hiernach ist es wahrscheinlich, dass eine entladene Flasche nach längerem Stehen noch eine oder mehrere Entladungen von abnehmender Stärke liefern kann. Das ist thatsächlich der Fall.

Ich lade jetzt die grosse elektrische Flasche (Fig. 40), deren Leitungsstab ich durch einen Draht mit einem Papierelektroskop verbunden habe, lege die eine Kugel des Entladers an die äussere Belegung und nähere langsam die andere Kugel der Flaschenkugel. Bei einer gewissen Entfernung springt ein glänzender Funken über, der von einem starken Knalle begleitet ist. Bei weiterer Annäherung entstehen noch mehrere Funken, deren Stärke augenscheinlich sehr rasch abnimmt. Bei jeder Entladung wird natürlich — wie das Sinken der Blättchen am Elektroskop beweist — die Menge der aufgespeicherten Elektricität vermindert, dadurch nimmt die elektrische Dichte und die Spannung (d. i. die nach aussen gerichtete abstossende Kraft der gleichnamig elektrischen Teilchen) ab; mithin reicht die Kraft nicht mehr aus, den Luftwiderstand zu überwinden. Erst bei weiterer Annäherung der Kugeln kann wieder ein Teil der Ladung sich durch einen Funken entladen. Nach dem Gesagten ist es klar, dass bei Funkenentladung die Restladung der Flasche umso grösser sein muss, je grösser die Funkenstrecke war, dagegen hängt die nach kurzer leitender Berührung beider Belegungen nachbleibende Restladung der elektrischen Flasche, das „Flaschenresiduum" von der Beschaffenheit des Glases ab.

* * *

Wir wollen uns jetzt eine Vorstellung davon zu bilden suchen, wie gross die Elektricitätsmenge ist, welche eine elektrische Flasche aufzuspeichern vermag, im Vergleich zu einem isolierten Leiter von derselben Form und

Grösse, wie die innere Belegung, wenn beide bis zu einem gleichen elektrischen Zustandsgrade geladen sind.

Als Probekörper wollen wir die innere Belegung der zerlegbaren elektrischen Flasche verwenden, die an zwei starken Seidenfäden aufgehängt ist (J, Fig. 42). Zur Messung des elektroskopischen Zustandes dient uns ein Papierelektrometer, welches aus dem schon benutzten Elektrometergehäuse und der Skala besteht, nur ist ein anderer Ebonitpfropf eingesetzt, dessen Leitungsstab mit einem Papierblättchen, statt des für diesen Zweck zu zarten Aluminiumblättchens, versehen ist. Ein Stativ (S) trägt einen horizontalen Ebonitstab mit einer festen und einer verschiebbaren Kugel. Erstere ist mit dem

Kapacitäts-messer.

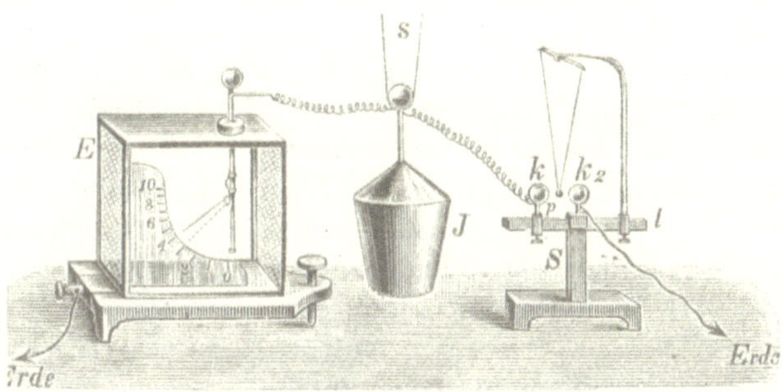

Fig. 42.
Kapacitätsmesser (S) in Verbindung mit einem Papier-Elektrometer (E). $^1/_8$ natürl. Grösse.

Probekörper J, letztere mit der Erde leitend verbunden. Zwischen beiden hängt an 2 Seidenschnüren das kleine elektrische Pendelchen (p).

Sobald ich nun den isolierten Probekörper (J) vermittelst des Elektrophordeckels lade, beginnt das Pendelchen (p) zwischen beiden Kugeln hin und her zu pendeln, wobei die Ladung des Probekörpers allmälig abnimmt, wie der sinkende Ausschlag des Elektrometers zeigt.

Ich lade den Probekörper so lange, bis die Ablenkung des Elektrometerblättchens über 4 beträgt. Nun wollen wir an der auf dem weissen Projektionsschirm (Fig. 15 S. 27) scharf sichtbaren Skala den sinkenden Ausschlag verfolgen. Einige von Ihnen mögen mich hierbei unterstützen. In dem Momente, wo der Ausschlag genau = 4 ist, gebe ich ein Zeichen, und die Anderen beginnen die Schwingungen des Pendels zu zählen, bis ich ein zweites Zeichen gebe, dass der elektrische Zustandsgrad genau = 3 ist. Wieviel ganze Pendelschwingungen haben Sie gezählt? *15!* Also waren 15 Entladungen durch die Pendelkugel nötig, um beim Probekörper den Zustandsgrad von 4 auf 3, d. h. um eine Einheit herabzusetzen!

Zum Vergleich ersetze ich die isolierte Belegung (J) durch eine isolierte Hohlkugel von 10 cm Halbmesser, die wir noch später brauchen werden. Hier sind *19* Entladungen nötig, um wie vorhin den Elektricitätsgrad von 4 auf 3 herabzusetzen.

Jetzt setzen wir die elektrische Flasche wieder zusammen und verbinden, wie vorhin, die innere Belegung mit dem Papierelektrometer und der Kugel (K, Fig. 42), während die äussere Belegung zur Erde abgeleitet wird. — Ich beginne das Laden der inneren Belegung — Sie bemerken schon, dass weit mehr Ladungen des Elektrophordeckels erforderlich sind, um die Flasche auf denselben Zustandsgrad zu bringen. Das Zählen der Pendelschwingungen ist jetzt etwas mühsam. Wir wollen daher, wenn der Ausschlag genau 4 beträgt, das Zählen eine Minute lang fortsetzen — wir zählen *154* Entladungen in 60 Sekunden — und die Zeit beobachten, die nötig ist, um die Ladung von 4 auf 3 zu erniedrigen. — Da! Nach 3 Min. 42 Sek. = 222 Sek. ist dieser Zustand erreicht. Die Anzahl der Entladungen ist mithin = 222 . 154/60 = *570* Entladungen. Wir erhalten also für dieselbe Differenz des elektrischen Zustandsgrades:

bei der isolierten inneren Belegung	15	Entladungen
- - elektrischen Flasche	570	-
- - isolierten Kugel (r = 10 cm)	19	-

Wir sehen hieraus, dass das elektrische Fassungsvermögen, oder die „elektrische Kapacität“ unserer kleinen Leydener Flasche 570/15 = *38* mal grösser, als die Kapacität der isolierten inneren Belegung, und 570/19 = *30* mal grösser ist, als die der isolierten Kugel von 10 cm Halbmesser.

Mit der grossen elektrischen Flasche können wir hier die Versuche nicht anstellen, da die Entladung zu lange Zeit in Anspruch nehmen würde. Bei einem früher angestellten Versuche waren 72 Minuten erforderlich. Die Anzahl der Entladungen war also 72 . 154 = *11088*. Also ist die Kapacität der grossen elektrischen Flasche 11088/19 = *583* mal grösser, als die der isolierten Kugel von 10 cm Halbmesser! Sie begreifen nun, welch eine ungeheure Ladung in einer grossen, bis zur Sättigung geladenen elektrischen Flasche stecken muss.

Wir lernen hier in der inneren Belegung einer grossen elektrischen Flasche, deren äussere Belegung zur Erde abgeleitet ist, eine neue sehr beständige Elektricitätsquelle kennen, die u. a. (vergl. S. 27 u. 66) sehr geeignet zum Aichen von Elektrometern ist (Anh. 10). **Die elektrische Flasche als konstante Elektricitätsquelle.**

* * *

Nun wollen wir zum Schluss die Frage erledigen: In welcher Abhängigkeit steht die Bindekraft und damit die Kapacität eines Kondensators von der Entfernung beider Platten, und welchen Einfluss hat die Anwendung einer isolierenden Platte statt der trennenden Luftschicht?

Durch zwei Ebonitständer (l_1 und l_2, Fig. 43), welche auf der in Millimeter geteilten optischen Bank (O) verschiebbar sind, wurden zwei starke Messingdrähte geführt, an welche die schon benutzten grossen Platten (p_1 und p_2) geschraubt sind. Die Drähte sind mit den beiden Elektrometern A und B leitend verbunden. Den Ständer l_1 stelle ich genau auf Null, rücke l_2 heran, dass die beiden Platten sich gerade berühren und fixiere den Ständer l_2 durch eine Schraube (s). Wird nun der Ständer (l_1) nach rechts abgeschoben, so können wir den Abstand der Platten unmittelbar auf Zehntelmillimeter genau abschätzen.

Zunächst rücke ich die bewegliche Platte p_1 soweit ab als möglich (2 Meter) und lade das Elektrometer A so stark, dass der Ausschlag 10 Teilen der Aichungsskala entspricht. Jetzt schiebe ich die elektrisierte Platte (p_1) wieder heran, bis die Entfernung beider Platten gerade 8 cm beträgt — der

Ausschlag am Elektrometer A = *0,6*. Rücke ich die Platte auf die halbe Entfernung, 4 cm, so zeigt A den Ausschlag = *1,30*. (Zugleich bemerken wir, dass beim Elektrometer B die freie Elektricität in dem Grade abnimmt, als bei A ent-

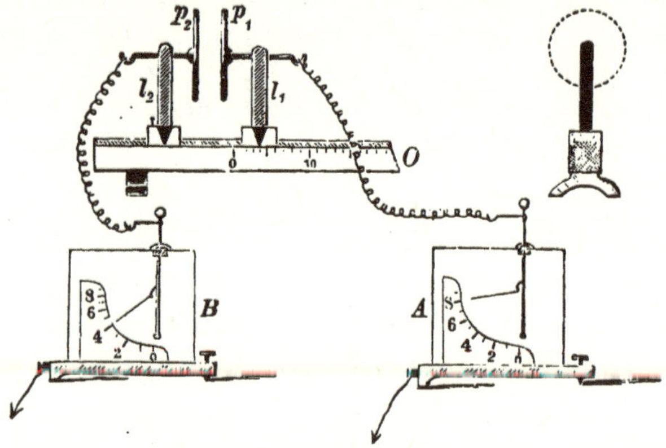

Fig. 43.
Luftkondensator. $^1/_{10}$ natürl. Grösse.

gegengesetzte Elektricität in der Platte p_2 gebunden und der gleiche Betrag an gleichnamiger Elektricität in das Elektrometer A abgestossen wird.) Fahren wir so fort und stellen die Resultate zusammen, so sehen wir:

Entfernung beider Platten =	8 cm	4 cm	2 cm	1 cm
Influenzladung des Elektrometers B =	0,6	1,3	2,7	5,5
Verhältnis der Ladungen	1 :	2,2 :	4,5 :	9,1

1 : 2 (nahezu).

D. h.: **Bei Plattenkondensatoren stehen — für kleine Abstände — die Bindekräfte, also auch die Kapacitäten nahezu im umgekehrten Verhältnis zur Entfernung der Platten.**

Dieses Gesetz gilt genau für **Kugelkondensatoren** (zwei von einander isolierte, koncentrische Metallkugeln, von denen also die eine die andere **völlig** umschliesst) und annähernd auch für elektrische Flaschen.

Hier lege ich Ihnen eine auf beiden Seiten gut ebene **Parafinplatte** von 18 cm Durchmesser und etwa 2 cm Dicke vor, die mit einem am Rande hineingesteckten Ebonitgriff versehen ist. Ich halte sie dicht an die Platte p_2 (Fig. 43) und schiebe die wieder entladene Platte p_1 bis zur Berührung heran. Wir lesen am Zeiger des Ständers l_1 einen Plattenabstand von 1,80 cm ab, das ist also die Dicke der Parafinplatte.

Wir wollen nun die Wirkung dieser Parafinplatte (welche die Metallplatten allseitig um 3 cm überragt, was nötig ist) mit der einer gleichdicken Luftschicht vergleichen. -- Ich lade wiederum das Elektrometer A, aber etwas schwächer, als vorhin. Jetzt schiebe ich den Ständer e_2 wieder auf den Skalenpunkt 1,80, d. h. auf eine Entfernung, die gleich der Dicke der Parafinplatte ist. Das Elektrometer A zeigt einen Ausschlag $a_1 = 2{,}1$. Nun stelle ich die Parafinplatte ein und rücke p_2 wieder heran, bis zur Berührung. Die beiden Platten sind also durch eine Parafinschicht isoliert. Das Elektrometer A giebt nun den Ausschlag $a_2 = 6{,}2$; also ist die Wirkung einer isolierenden Parafinschicht 6,2/2,1 = *2,9* mal stärker, als die einer gleich dicken Luftschicht! Bedeutung der dielektrischen Konstante.

Dieser Quotient

$$\frac{\text{Kapacität des Kondensators beim Isolator}}{\text{Kapacität desselben Kondensators bei einer Luftschicht}} = k,$$

heisst die dielektrische Konstante des Isolators (Dielektrikums). Damit haben wir die Bedeutung der uns früher (S. 57) unbekannt gebliebenen Konstante in dem Ausdruck für das Influenzgesetz $E = (J/r^2) \,.\, k$ gefunden. Sie besagt, dass wenn die Kapacität desselben Kondensators für Luft als isolierende Schicht = 1 gesetzt wird, die Kapacität bei einer ebenso dicken Sehicht des betreffenden Isolators K ma grösser ist.

So ist z. B., nach genaueren Messungen, als die unserigen sind,

für Luft = 1

Schwefel .	3,84	Vacuum . . .	0,999410
Ebonit . .	3.15	Wasserstoff . .	0,994764
Glas . . .	3,013—3,243	Kohlensäure .	1,000356.

Wir sehen hieraus, dass für die durch Influenz zu erzeugende Elektricitätsmenge nicht nur der Abstand des influierenden Körpers vom influierten, sondern auch in hohem Grade die Natur des umgebenden Dielektrikums maassgebend ist (Faraday).

Wir werden später, bei den mit der Influenzmaschine anzustellenden Versuchen, eine interessante Eigenschaft eines flüssigen Dielektrikums kennen lernen.

* * *

Das Ziel unserer heutigen Wanderung ist erreicht; wir haben alle wichtigen Grunderscheinungen der statischen oder Reibungs-Elektricität kennen gelernt und wollen das nächste Mal die Apparate zur Erzeugung grösserer Elektricitätsmengen, die Elektrisiermaschinen, studieren.

V. Vortrag.

Die Reibungs-Elektrisiermaschine und Versuche mit ihr; Die Influenzmaschine; Theorie derselben; Unterschied zwischen + E und — E; Versuche mit grösseren Elektricitätsmengen; Elektrische Induktion; Das elektrische Feld; Elektrische Niveauflächen und elektrische Kraftlinien; Atmosphärische Elektricität; Messung der atmosphärischen Elektricität; Theorie des Gewitters; Der Blitzableiter.

Wir haben letzthin die elektrischen Ansammlungsapparate — die Plattenkondensatoren und Leydener Flaschen — kennen gelernt und ihre Wirkungsweise studiert. Wir sahen:

1. Nähern wir einem isolierten geladenen Leiter einen anderen Leiter, den wir zur Erde abgeleitet haben, so wird in diesem durch Influenz die ungleichnamige Elektricität gebunden, und wirkt wiederum ihrerseits bindend auf die Elektricität des geladenen Leiters. Dadurch wird auf diesem der elektrische Zustandsgrad, und mithin die freie Elektricität sehr vermindert, und wir müssen ihm von neuem Elektricität zuführen, um die freie Elektricität wiederum auf den ursprünglichen Zustandsgrad zu heben, d. h. das Fassungsvermögen, die Kapacität, des geladenen Leiters ist durch die Nähe des zur Erde abgeleiteten zweiten Leiters bedeutend vergrössert worden! Wird nun der zweite Leiter entfernt, so wird die ganze Elektricitätsmenge des geladenen Körpers frei und zeigt einen viel höheren Zustandsgrad, also auch eine grössere elektrische Dichte, als vorhin. Hierdurch sind wir in den Stand gesetzt, vermittelst einer beständigen Elektricitätsquelle von niedrigem Zustandsgrade, einen Körper auf einen bedeutend höheren Zustandsgrad zu laden als die Elektricitätsquelle aufweist. **Rückblick.**

2. Der Volta'sche Plattenkondensator gestattet uns, sehr schwache Elektricitätsmengen, die unser Elektrometer nicht mehr anzuzeigen vermag, durch wiederholte Ladungen so anzusammeln, dass wir ihr Vorhandensein nachweisen können. Die Leydener Flaschen dagegen geben uns die Möglichkeit, grössere Elektricitätsmengen anzusammeln und längere Zeit hindurch zu erhalten. Auch giebt eine grosse geladene Leydener Flasche, deren äussere Belegung mit der Erde leitend verbunden ist, eine sehr konstante Elektricitätsquelle ab (die wir u. a. mit Vorteil zum Aichen des Elektrometers verwenden können).
3. Die Bindekraft und damit die Verstärkungszahl eines Kondensators ist um so grösser, je näher die metallischen Flächen sich befinden und je besser die trennende Schicht isoliert. Nehmen wir die Verstärkungszahl eines Kondensators bei Luft als Isolator als Einheit an, so giebt das Verhältnis der Verstärkungszahl für eine isolierende Platte von gleicher Dicke, zur Verstärkungszahl bei Luft, die sogenannte dielektrische Konstante des Isolators.

Wir wollen jetzt, nachdem wir alle für uns wichtigen Grunderscheinungen der statischen Elektricität kennen gelernt haben, die zur Erzeugung grösserer Elektricitätsmengen dienenden Elektrisiermaschinen betrachten.

Sie erinnern sich dessen, dass ein Glasstab mit amalgamiertem Leder gerieben, stark positiv elektrisch wird. Wir haben mit Hülfe dieser Elektricitätsquelle alle unsere Versuche anstellen und sogar die elektrische Flasche laden können — allerdings mit grossem Zeitverlust. Hier sehen Sie nun eine kleine Reibungselektrisiermaschine, welche in kurzer Zeit eine weit grössere Elektricitätsmenge liefert, als der Glasstab, und dabei bequemer zu handhaben ist. — Der Glasstab ist ersetzt durch eine gut isolierende und daher auch beim Reiben stark elektrisch werdende Glasscheibe (G, Fig. 44), die sich durch eine gläserne, wagerecht in den Holzträgern (T und T_1) ruhende Achse vermittelst einer Handkurbel (H) drehen lässt und als Reiber wirkt. Als Reibzeug dienen zwei Lederkissen (K), welche mit Amalgam bestrichen sind und durch Federn an die beiden Seiten der Glasscheibe (G) gepresst werden. Mit dem durch einen kurzen Glasständer isolierten Reibzeug ist eine Metallkugel als negativer Konduktor (— K, Fig. 44) verbunden, auf welchem sich die — E des Reibzeugs ansammelt, während der positive grosse Konduktor (+ K), welcher gut isoliert ist, einen ringförmigen doppelten Saugkamm (S) trägt, der mit vielen nadelförmigen Metallspitzen versehen ist, die aber kaum aus dem Holzringe hervorragen. Bei einer Drehung der Glasscheibe

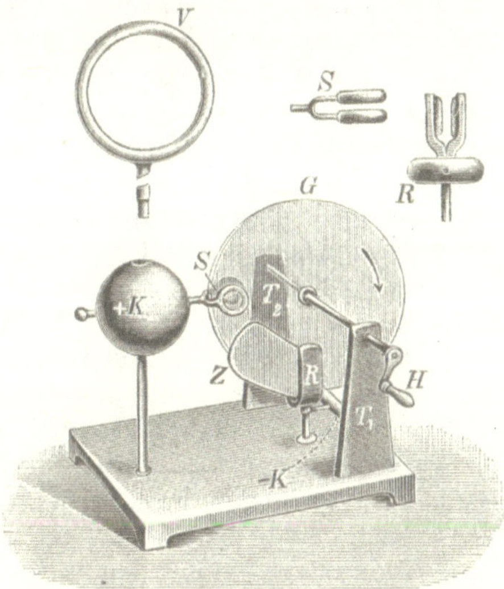

Fig. 44.
Winter'sche Reibungs-Elektrisiermaschine. $^1/_{15}$ natürl. Grösse.

in Richtung des Pfeiles werden die zwischen den Lederkissen geriebenen Teile der Glasscheibe dicht an den Saugkämmen vorübergeführt und durch die Spitzenwirkung der Kämme entladen. Auf diese Weise wird der positive Konduktor ununterbrochen mit + E geladen. Um Elektricitätsverluste möglichst zu vermeiden, sind am Reibzeuge zwei Stücke Seidenzeug (Z) befestigt, welche beim Drehen der Kurbel sich an die elektrisierte Glasscheibe anlegen.

Die Wirkungsweise dieser Reibungselektrisiermaschine werden wir leicht erkennen, wenn wir sie in Thätigkeit setzen. Ich drehe die Kurbel in der Richtung des Pfeiles —

Sie hören bald das uns schon bekannte Zischen, welches das Ausströmen von Elektricität verrät. Jetzt nähere ich dem Konduktor (+K) den Knöchel eines Fingers meiner freien Hand und — ein Funken von 4—5 cm Länge zeigt mir, dass der Konduktor geladen ist und zwar weist eine vermittelst einer isolierten Probekugel auf das Papierelektroskop übertragene Ladung +E auf, während der Konduktor des Reibzeugs —E enthält, wie vorauszusehen war.

Ich setze das Drehen fort — — — die verhältnismässig schwache Leistung des Apparates scheint sich noch zu vermindern, denn die Funkenstrecke nimmt augenscheinlich ab. Nun hake ich den Draht der Erdleitung an den kleinen Konduktor des Reibzeugs und — — sofort treten bei Annäherung des Knöchels an die grosse Kugel glänzende Funken von 8 bis 10 cm Länge auf, die ein stechendes Gefühl hervorrufen. (Noch längere Funken, von 10—12 cm Länge, kann ich erhalten, wenn ich an der grossen Kugel noch eine kleine Kugel (g) anbringe und dieser den Knöchel nähere). Diese Funken nehmen auch bei längerem Drehen nicht an Stärke ab. Woher kommt diese gleichmässige und verstärkte Wirkung der Maschine?

Wirkungsweise der Elektrisiermaschine.

Wir wissen schon, dass ein Körper bei Berührung nur auf denselben Elektricitätsgrad gebracht werden kann, den die Elektricitätsquelle hat, und dass beim Reiben die entgegengesetzten Elektricitäten in gleichen Mengen erzeugt werden. Hat nun der mit dem Reibzeug verbundene Konduktor (—K) den Zustandsgrad der Lederkissen erreicht, so kann er keine weitere —E aufnehmen, oder wenigstens nur soviel, als (während der Drehung der Glasscheibe) aus dem Reibzeug und dem Konduktor durch Ausstrahlung in die Luft oder durch mangelhafte Isolierfähigkeit des Glasständers verloren geht. Wenn aber das Reibzeug nur wenig —E aufnehmen kann, so kann auch nur ein entsprechend kleiner Betrag an +E auf der Glasscheibe frei und von den Saugkämmen des grossen Konduktors aufgenommen werden; daher wird auch der positive Konduktor nur schwach geladen. Die ganze übrige Menge an ±E vereinigt sich im Momente ihres Entstehens wieder. — Ist dagegen das Reibzeug zur Erde abgeleitet, so fliesst alle zugeführte —E ab und der volle Betrag an +E kommt zur Geltung.

Wir sehen hieraus, dass die Reibungs-Elektrisiermaschine bei voller Thätigkeit nur + *E* liefert, denn die Verbindung des + Konduktors mit der Erde zur Gewinnung von — E am Reibzeugkonduktor ist unvorteilhaft, da dieser — schon der rauhen Lederfläche wegen — schlechter die Elektricität hält; auch ist seine Kapacität bedeutend kleiner.

Noch ein Mittel giebt es, um die Wirkung des Apparates zu erhöhen. Setze ich den Verstärkungsring (V, Fig. 44) auf den grossen Konduktor, so sind die Funken glänzender, folgen sich aber bei gleicher Entfernung des genäherten Knöchels langsamer als vorhin — das knatternde Geräusch wird stärker, während die Funkenstrecke nicht merklich grösser ist. Wir erkennen hieraus, dass der Verstärkungsring nicht den Elektricitätsgrad, sondern die Kapacität und damit die verfügbare Elektricitätsmenge des Konduktors vergrössert hat.

Dieser Verstärkungsring besteht aus einem polierten Holzringe von etwa 2 cm Durchmesser des Holzteiles. In der Mitte des aus zwei Teilen zusammengeleimten Ringes und des Stieles ist ein Kupferdraht von 1 mm Dicke eingelegt, dessen Enden am Stielende umgebogen sind und so in leitender Verbindung stehen mit einer aufgesetzten Messingdille, welche in eine Öffnung des grossen Konduktors hineinpasst. Die Wirkungsweise dieses Ringes ist noch nicht ganz klar gestellt[22]), weshalb ich darauf verzichten muss, Ihnen eine zutreffende Erklärung derselben zu geben.

Da wir heute eine noch ergiebigere Elektricitätsquelle kennen lernen werden, so will ich mich auf einige wenige Versuche an der Reibungselektrisiermaschine beschränken. Diesen schon in der ersten Hälfte des XVII. Jahrhunderts von Otto von Guericke erfundenen und im Wesentlichen in seiner jetzigen Gestalt von Winkler in der Mitte des vorigen Jahrhunderts konstruierten Apparat möchte ich aus historischem Interesse nicht übergehen, wiewohl er heutigen Tages nur noch eine untergeordnete Bedeutung hat.

---

[22]) So wirkt z. B. die Umwickelung des Holzringes mit Staniol oder Ersatz desselben durch einen gleich dicken Metallring schwächer; auch ist die Stellung des Ringes von Einfluss, indem er am kräftigsten wirkt, wenn seine Ebene der der Glasscheibe parallel steht u. a. m.

I. Statt des Verstärkungsringes stecke ich einen mit Staniol beklebten Holzstab ein (A, Fig. 45), an dessen oberen Ende eine kleine Metallplatte befestigt ist, woran schmale Streifen aus farbigem Seidenpapier geklebt sind. — Eine Kurbeldrehung genügt, um die Papierstreifen sich entfalten zu lassen (B, Fig. 45). — Sie sehen ein Papierelektroskop im Grossen! Nähere ich die Hand den elektrisierten Streifen, so werden diese lebhaft angezogen (C, Fig. 45), ein Vorgang, der keiner Erklärung bedarf.

II. Wollen Sie selbst die Rolle des Konduktors übernehmen? Bitte, steigen Sie auf diesen Schemel, dessen Glasfüsse ihn vom Fussboden isolieren, und legen Sie die eine Hand leicht auf den Konduktor. Ich drehe die Kurbel — Ihre

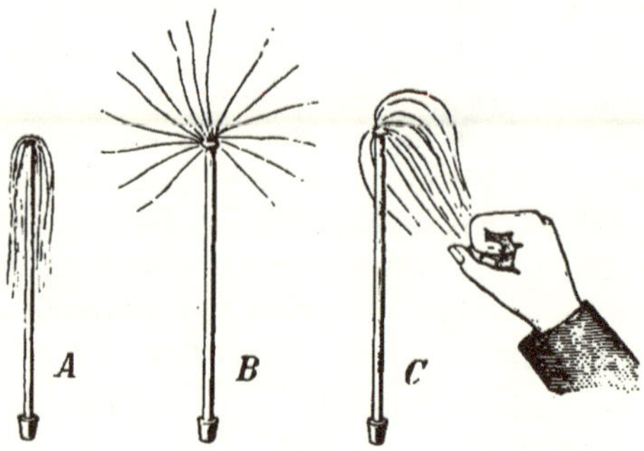

Fig. 45.
Elektrische Papierbüschel. $^1/_{15}$ natürl. Grösse.

Haare stehen zu Berge, doch fühlen Sie weiter kein Unbehagen. Jetzt nähere ich den Knöchel meines Zeigefingers Ihrem Arme — ein glänzender Funken zeigt, dass Sie ein guter Konduktor sind, aber der stechende Schmerz liess Sie schleunigst vom Isolierschemel hinabspringen!

Divisch's Versuch.

III. Ich setze die Maschine wieder in Gang und nähere meine linke Hand dem Konduktor — — in kurzen Zwischenräumen sehen Sie Funken überspringen, da — — mit einem Mal hören die Funken auf! Versuchen Sie jetzt den Konduktor zu berühren! Erst in grösster Nähe springt ein kleines, kaum bemerkbares Fünkchen auf Ihren Finger über; ich ändere die Stellung meiner Finger und sofort erhalten Sie kräftige Funken! Die Lösung dieses Rätsels ist einfach genug. Sie sehen (Fig. 46) an dem Zeigefinger meiner linken Hand einen Drahtring, dessen umgebogenes Ende in eine sehr feine Spitze ausläuft. Richte ich sie gegen den geladenen Konduktor, so tritt sofort die neutralisierende Wirkung der Spitze auf. Die aus meinem Körper herangezogene Influenzelektricität (erster Art) strömt in die Luft über (vergl. S. 36) und vereinigt sich mit der +E des Konduktors. Die hierbei auftretenden Fünkchen sind unmerklich klein, doch würden wir im Finstern ein elektrisches Büschellicht wahrnehmen können.

Mit diesem Experiment brachte der Prämonstratenser Prokop Divisch (ein Vorläufer Franklin's in der Erfindung des Blitzableiters) den gelehrten Jesuitenpater Franz zur Verzweiflung, als dieser ihm 1750 eine für damalige Zeiten sehr stark wirkende Elektrisiermaschine zeigte. Pater Franz hatte

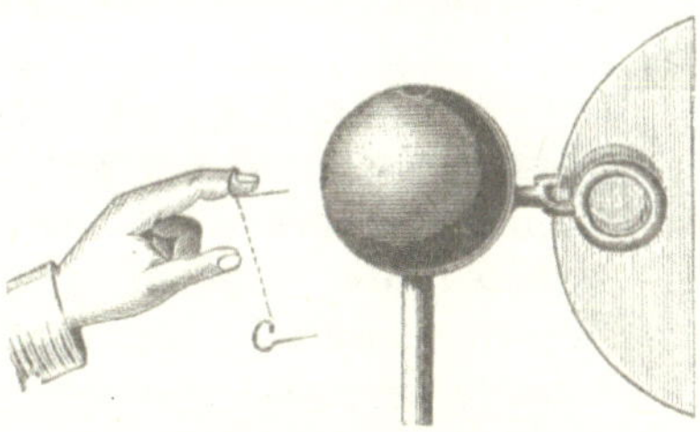

Fig. 46.
Divisch's Versuch.

die von Divisch behauptete Spitzenwirkung geleugnet. Durch unbemerkte Annäherung feiner Nadeln an den Konduktor der Maschine, setzte Divisch die Maschine ausser Wirksamkeit. Der Leugner der Spitzenwirkung war besiegt!

IV. Hier sehen Sie ein flaches Metallschälchen (a. d. f. S., Fig. 47), über welchem an einem Kettchen eine kleine Messingkugel schwebt, die mit einem isolierten spitzen Drahte verbunden ist. In das mit der Erdleitung verbundene Schälchen giesse ich etwas Schwefeläther oder eine andere leicht entzündbare Flüssigkeit, wie Schwefelkohlenstoff, erwärmten Alkohol u. dergl., und stelle den Apparat in die Nähe des Konduktors. Sobald ich nun die Kurbel drehe, springt ein Funken von der schwebenden Kugel zum Rande des Schälchens über. Um ihn zu zwingen, seinen Weg durch die Flüssigkeit zu nehmen, lege ich in das Schälchen eine so kleine Metallkugel (K), dass sie

Entzündung brennbarer Flüssigkeiten.

ganz vom Schwefeläther bedeckt ist. Sobald ich jetzt die Maschine etwas drehe, springt der Funke auf diese kleine Kugel über und der Äther entflammt! Nachdem die Flamme ausgeblasen worden, lässt sich der Versuch mehrmals wiederholen bis aller Äther verbrannt ist. — Nachdem das Schälchen wieder abgekühlt ist, schütte ich etwas Schiesspulver hinein — durch den Funken wird das Pulver umhergeschleudert, ohne entzündet zu werden.

Fig. 47.
Apparat zur Entzündung brennbarer Flüssigkeiten $^1/_{10}$ natürl. Grösse.

Da das Drehen der Kurbel dieser Elektrisiermaschine, der starken Reibung wegen, ermüdend ist, so wollen wir die weiteren Versuche vermittelst der stärker wirkenden Influenz-Elektrisiermaschine anstellen. Um die etwas komplicierte Wirkungsweise dieses hochinteressanten, gleichzeitig 1864 von Töpler (damals in Riga) und Holtz (in Berlin) erfundenen Apparates leichter zu verstehen, wollen wir vorher ein einfaches Modell betrachten (das nach einer Beschreibung in Wiedemann's Annalen der Physik und Chemie hergestellt ist).

Prinzip der Influenzmaschine. Sie sehen hier (Fig. 48) zwei isolierte Konduktoren, welche die Form von hohlen, aufgeschlitzten Cylindern haben (A und B). Eine starkwandige Glasröhre (g), durch die ein Kupferdraht geführt ist, lässt sich durch eine Kurbel in einer vertikalen Ebene drehen. An den Enden trägt diese Röhre zwei Cylinder aus Kork (C_1 und C_2) die mit Staniol beklebt und mit dem Leitungsdraht (l) verbunden sind. Innerhalb des Hohlcylinders B ist ein Pinsel aus Tressengarn angebracht, desgleichen in dem unteren, gleichfalls isolierten Hohlcylinder C. Von letzterem führt ein Draht zu der kleinen Kugel k_2, die der Konduktorkugel k_1 des Cylinders B nahe gegenübersteht.

Lade ich nun den Hohlcylinder A mit + E so wird, wenn der drehbare Leiter ($d_1 d_2$) vorüber geführt wird, in dem Augenblick, wo d_1 sich innerhalb des Cylinders A befindet (ohne ihn zu berühren!), die abgestossene gleichnamige Influenzelektricität des Leiters durch die Spitzenwirkung des Tressenpinsels neutralisiert, hierdurch aber der Cylinder B mit + E geladen; darauf tritt d_1 in den Hohlraum des Cylinders C und giebt bei

Berührung mit dem Tressenpinsel diesem seine Ladung an $\dot{-}$ E ab (aber nicht vollständig, da der Cylinder C nur ihn nahezu ringsum umgiebt, aber nicht auch d_2). — Bei weiterem Drehen tauschen d_1 und d_2 ihre Rollen und wir erhalten so eine ruckweise Ladung der Konduktoren B und C. Bei genügender Trockenheit der Luft können wir zwischen den auf etwa 3 mm genäherten Kugeln k_1 und k_2 eine beliebige Anzahl kleiner Fünkchen erhalten; dabei bleibt der Hohlcylinder A beständig ge-

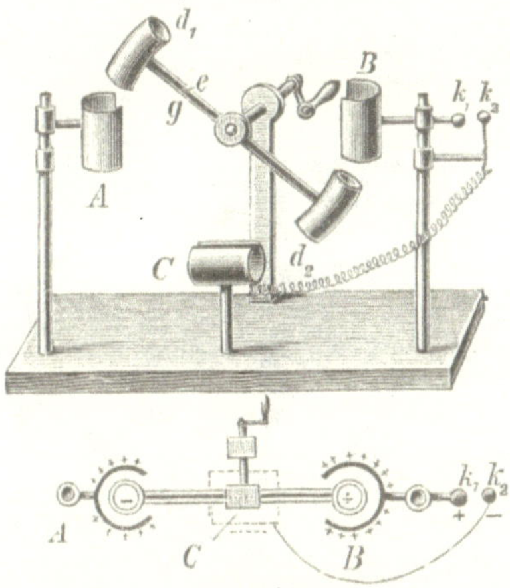

Fig 48.
Modell einer Influenzmaschine nach Wied. Ann. $^1/_6$ natürl. Grösse.

laden! Die Erzeugung der Elektricität geschieht also durch Influenz und zwar auf Kosten der Kraft, die erforderlich ist, um den Leiter (d_1 d_2) um seine Achse zu drehen.

Gehen wir jetzt auf die Influenzmaschine über.

Fig. 49a (a. d. f. S.) zeigt Ihnen die Gesamtansicht und Fig. 49b einen horizontalen Querschnitt des Apparates. — Sie sehen hier zwei, der besseren Isolierfähigkeit wegen, mit Schellackfirnis überzogene Glasscheiben (S und R) dicht hintereinander angebracht. Die etwas kleinere, Ihnen zugekehrte Scheibe (R) ist um eine horizontale Achse sehr leicht drehbar und kann durch eine Schnur vermittelst des Schwungrades (M) in rasche Drehungen versetzt werden. — Die feststehende Scheibe (S) hat zwei auf der Rückseite aufgeklebte Papierscheiben (p_1 und p_2) die, wie Sie gleich

Influenzmaschine.

sehen werden, als Elektricitätserreger wirken. Die ovalen Öffnungen (o) kommen nicht bei allen Maschinen dieser Art vor und sind ohne Belang (ebenso zwei an die Papierscheiben befestigte Kartonspitzen, welche durch diese Öffnungen hervor-

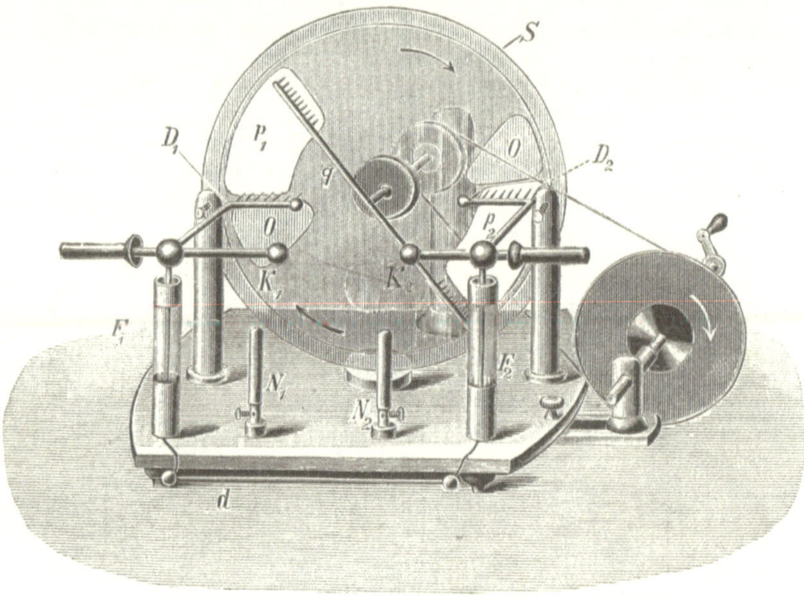

Fig. 49 a.

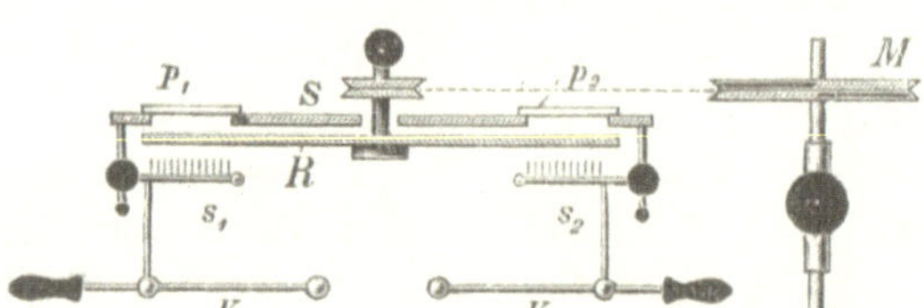

Fig. 49 b.

Fig. 49 a und b. **Holtz'sche Influenzmaschine.** $^1/_{10}$ natürl. Grösse.

ragen und bis fast auf die drehende Scheibe reichen, und zwar der Drehungsrichtung entgegengestellt sind. Bei vorliegendem Exemplar der Influenzmaschine habe ich diese Spitzen entfernt, und der Apparat wirkt mindestens so gut, wie vorher!).

Gegenüber dem einen Rande der Papierscheibe sehen Sie vor der Ihnen zugekehrten rotierenden Scheibe (R) zwei durch starke Ebonitstützen isolierte Saugkämme (s_1 und s_2 Fig. 49), die durch starke Messingstäbe mit den Konduktoren (K_1 und K_2) verbunden sind. Durch Ebonithandgriffe lassen sich diese einander näher schieben, oder, nach Bedarf, weiter auseinanderziehen. Die Kugeln, durch welche die Konduktoren hindurchgeführt sind, stützen sich auf die Leitungsstäbe zweier elektrischer Flaschen (F_1 und F_2), deren äussere Belegungen unter sich durch den abhebbaren Messingstab (d) verbunden sind.

Es würde zu weit führen, wollte ich Ihnen die etwas verwickelte Theorie der Influenzmaschine entwickeln. Es wird aber für das Verständnis der Wirkungsweise des Apparates völlig genügen, wenn ich Ihnen vermittelst unserer Papierelektroskope das allmälige Inwirksamkeittreten der einzelnen Apparatenteile vor Augen führe.

Ich berühre zunächst die beiden Papierscheiben (p_1 und p_2, Fig. 49a) sowie die Konduktoren mit der Kugel des Elektroskopes — Sie sehen, der ganze Apparat ist völlig unelektrisch! Jetzt setze ich die Kurbel in Drehung, sodass möglichst genau 2 Kurbeldrehungen auf eine Sekunde kommen (was wir mit Hülfe eines Pendels kontrollieren), und lasse den Handgriff plötzlich los — — das Schwungrad macht, wie Sie an einem auf dem schwarzen Schwungrade angebrachten Kreidestrich erkennen können, noch 42 Umläufe, ehe es still steht. Sie sehen daraus, wie gering an diesem Apparat die Reibung, und mithin die aufzuwendende Arbeit ist, im Vergleich zur Reibungs-Elektrisiermaschine.

Vorgang beim Laden.

Jetzt befestige ich die isolierte kleine Probekugel, die durch einen Draht mit einem Papierelektroskop verbunden ist, so an einen Ständer, dass sie die Papierscheibe p_2, (Fig. 49) berührt. Nun entferne ich die Leydener Flaschen (F_1 und F_2) und halte den mit + E geladenen Elektrophordeckel[23]) mit

---

[23]) Gewöhnlich wird die Erregung der einen Papierscheibe vermittelst einer angelegten elektrisierten Ebonitplatte bewerkstelligt, doch wirkt der Flintglasstab oder der Elektrophordeckel stärker. Da die Ebonitplatte —E hat, so erhält man durch Ladung mit derselben natürlich

der unteren Fläche dicht an die Papierscheibe p_1, während ich mit der linken Hand in der Richtung drehe, wie die Pfeile in Fig. 49a anzeigen. Bitte achten Sie auf das Elektroskop! Sie sehen einen anfangs langsam, dann immer rascher wachsenden Ausschlag der Blättchen, die bald horizontal abstehen. Zugleich hören Sie ein stärker werdendes Zischen — — und jetzt sehen Sie einen lebhaften Funkenstrom zwischen den Konduktorkugeln auftreten! Die Probe zeigt, dass das Elektroskop, also auch die vorher unelektrische Papierscheibe p_2 eine wachsende Ladung $-E$ angenommen hat. Nähere ich den Knöchel meines Fingers der Papierscheibe p_1, so springen kleine Funken knisternd über, d. h. die ursprüngliche schwach $(+E)$ geladene Papierscheibe p_1 ist jetzt auch viel stärker geladen, als vorher! Die den Papierscheiben gegenüberstehenden Konduktoren zeigen die den betreffenden Papierscheiben gleichnamige Elektricität, d. h. K_1 hat $+E$ und K_2 $-E$. Nähere ich nun — bei langsamer Drehung der Kurbel — der Fläche der rotierenden Scheibe ein mit einer Spitze versehenes Elektroskop (nachdem ich, um von den Funken nicht belästigt zu werden, die Konduktoren zusammengeschoben habe), so sehen wir, dass die ganze obere Hälfte der rotierenden Scheibe $-E$ hat, während die untere Hälfte $+E$ zeigt.

Sie bemerken an der Ihnen zugewandten Vorderseite des Apparates einen vor der rotierenden Scheibe befindlichen Nebenkonduktor (q Fig. 49a), der in der Ebonitachse der festen Scheibe drehbar befestigt ist. Beim Inthätigkeitsetzen der Maschine waren die beiden Saugkämme des Nebenkonduktors so gestellt, dass der eine gegenüber dem oberen Rande der Papierscheibe p_1 und der andere gegenüber dem unteren Rande der Papierscheibe p_2 sich befand. Während die Maschine in vollem Gange ist, verschiebe ich den Nebenkonduktor ein wenig über die Papierscheiben hinaus — sofort wird der Funkenstrom stärker, die Leistung der Maschine erreicht ihr Maximum und nimmt bei weiterer Drehung des Nebenkonduktors schnell ab. Welche Rolle spielt nun dieser Nebenkonduktor?

---

in allen Teilen des Apparats die entgegengesetzte Elektricität wie im vorliegenden Falle.

Ich entlade die Maschine, indem ich die Kurbel rückwärts drehe und zur Sicherheit die Flamme eines Spirituslämpchens den Papierscheiben entlang führe. Jetzt entferne ich den Nebenkonduktor (q), rücke die Hauptkonduktoren (k_1 und k_2, Fig. 49) weit auseinander und versuche in derselben Weise, wie vorhin, die Maschine in Thätigkeit zu setzen — es gelingt nicht! Schiebe ich dagegen die Hauptkonduktoren bis zur Berührung zusammen, so lässt sich die Maschine anregen, und bei langsamem Auseinanderziehen der Hauptkonduktoren tritt ein Funkenstrom auf, der aber plötzlich erlischt, wenn die Kugeln zu weit entfernt wurden. Hierbei hört — auch bei weiterem Zusammenschieben der Konduktoren (k_1 und k_2) — entweder die Wirkung der Maschine völlig auf, oder sie lässt sich wieder in Gang setzen, aber — — der vorhin + elektrische Konduktor k_1 und die Papierscheibe p_1 zeigen jetzt — E und umgekehrt haben k_2 und p_2 + E; d. h.: Die Maschine hat ihre Pole gewechselt!

Hieraus geht hervor, dass der Nebenkonduktor (q) irgend eine regulierende Wirkung auf den Gang der Maschine ausübt! Welchen Einfluss hatte er aber bei Beginn des Versuches, d. h. beim Inthätigkeitsetzen des Apparates?

Ich befestige den mit einem isolierenden Griff versehenen Elektrophordeckel so an einem Ständer, dass er dicht an der Papierscheibe (p_1, Fig. 49) anliegt, und verbinde ihn durch einen Draht mit dem + Konduktor der nebenanstehenden Reibungs-Elektrisiermaschine, deren negativer Konduktor zur Erde abgeleitet ist. Einer von Ihnen ist wohl so freundlich die Reibungs-Elektrisiermaschine langsam und gleichmässig zu drehen, damit ich die Kurbel der Influenzmaschine drehen kann — — Sie sehen, die Influenzmaschine giebt nun auch bei auseinandergerückten Hauptkonduktoren einen Funkenstrom, der umso lebhafter wird, je schneller die Reibungs-Elektrisiermaschine gedreht, d. h., je grösser die Elektricitätsmenge ist, die der Papierscheibe zugeführt wird, aber — — und das ist wohl zu beachten! — die ohne Nebenkonduktor arbeitende Influenzmaschine steigert nicht selbstthätig die Ladung der Papierscheiben, es findet im Gegenteil ein fortwährender Verbrauch der zugeführten Elektricität statt! Wir sehen also: *Der Nebenkonduktor hat die*

Aufgabe, die ursprünglich schwache Ladung der Papierscheiben zu vergrössern und auf ihrer maximalen Höhe zu erhalten!

Wir wollen jetzt versuchen, uns den Vorgang klar zu machen. Die Hauptkonduktoren k_1 und k_2 sind auseinandergezogen. Die Papierscheibe (p_1, Fig. 50) erhielt anfänglich eine kleine Ladung +E und bewirkt durch Influenz (durch die rotierende Scheibe hindurch) in dem Saugkamme s_1 ±E. Die +E wird abgestossen und fliesst in den Konduktor k_1, während die −E angezogen wird und, wenn die vordere Scheibe still stände, durch sie hindurch die +E der Papierscheibe neutralisieren würde. Da aber die Scheibe rotiert, so wird die auf sie übergegangene −E fortgeführt, ehe sie

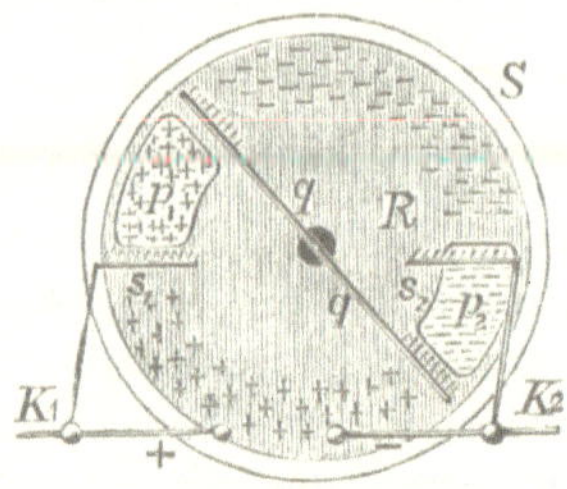

Fig. 50.

sich mit der −E der Papierscheibe vereinigen kann. Der obere Teil der rotierenden Scheibe ist also mit −*E* geladen!

Die jetzt minuselektrische Scheibe bindet auf ihrer Rückseite, die der festen Scheibe zugekehrt ist, +E und stösst −E ab, die allmälig die Papierscheibe p_2 ladet. Auf der Vorderseite der rotierenden Scheibe wird im Konduktor k_2 wiederum ±E erzeugt. Die gleichnamige −E wird abgestossen und fliesst in den Konduktor k_2, während die + E durch den Saugkamm s_2 auf die rotierende Scheibe übergeht und diese nicht nur entladet, sondern mit +*E* überladet[24]), was dadurch

[24]) Diese Erscheinung lässt sich nach Prof. Arth. von Oettingen in folgender Weise zeigen: Nimmt man eine schmale Ebonitplatte, elektrisiert sie durch Reiben schwach, so zeigt sie bei der Annäherung an ein geladenes Elektroskop −E. Fährt man mit einem metallischen Kamm, der viele feine Spitzen hat, dicht über der elektrisierten Fläche einige

begünstigt wird, dass die sich mit —E ladende Papierscheibe auch +E anzieht, so dass bald aus dem Saugkamm s_2 mehr +E herausströmt, als der gerade vorübergehende Teil der rotierenden Scheibe —E enthält, der untere Teil der Scheibe ist also mit +*E* geladen. Jetzt tritt der Nebenkonduktor (q, Fig. 50) in Wirksamkeit. Seine Saugkämme befinden sich anfänglich genau gegenüber dem Rande der Papierscheiben p_1 und p_2, also an einer Stelle, wo die Elektricität der rotierenden Scheibe noch durch die entgegengesetzte der Papierscheibe gebunden ist. Dagegen wird im oberen Teile des Nebenkonduktors von dem sich fortbewegenden, minuselektrischen Teile der rotierenden Scheibe +E herangezogen und wirkt durch Influenz auf die rotierende Scheibe, deren abgestossene +E auf die Papierscheibe p_1 übergeht, deren +Ladung hierdurch verstärkt wird. (Dass die diesem Saugkamme gegenüberstehende Partie der rotierenden Scheibe mit gebundener —E geladen ist, bildet kein Hindernis für die Spitzenwirkung, die — wie wir schon sahen — durch Isolatoren hindurch wirken kann.) In gleicher Weise strömt aus dem unteren Saugkamme —E auf die Papierscheibe p_2 über, wodurch diese stärker geladen wird. In dem Nebenkonduktor findet also ein lebhafter Strom von Elektricität statt. Hat sich nun die Maschine genügend stark geladen, so beginnt zwischen den Hauptkonduktoren ein starker Funkenstrom. Jetzt übernimmt das Hauptkonduktorenpaar die Rolle des Nebenkonduktors, den wir nun etwas von den Papierscheiben abrücken, damit der ganze Strom durch die Hauptkonduktoren geht. Nun hat der Nebenkonduktor lediglich die Aufgabe, den Gang der Maschine zu regulieren, d. h. zu verhindern, dass die entgegengesetzt elektrischen Teile der rotierenden Scheibe sich auf der Scheibe selbst entladen, wodurch die Wirksamkeit der Maschine sehr geschwächt oder gar ein Polwechsel hervorgerufen werden kann. Nach dem Gesagten ist es klar, dass wir — wenn der Funkenstrom in den Hauptkonduktoren (durch übermässiges

---

Mal hin- und her, so zeigt die Scheibe jetzt eine schwache Ladung +*E*. (Hierzu ist ein sehr empfindliches Elektroskop erforderlich; auch muss die Breite der Ebonitplatte kleiner sein, als die Länge des Spitzenkammes.)

Auseinanderziehen der Kugeln) einmal unterbrochen ist und auch bei genäherten Konduktoren nicht wieder auftritt — den Hülfskonduktor wieder in seine ursprüngliche Stellung zurückdrehen müssen, bis die Maschine wieder in Wirksamkeit getreten ist.

Wir haben uns lange bei der Influenzmaschine aufgehalten. Dieser Apparat ist aber nicht nur durch seine geniale Konstruktion interessant, sondern er giebt uns auch eine lehrreiche Anwendung des Influenzgesetzes und bietet uns eine ebenso bequeme als hochgradige Elektricitätsquelle (bei unserer Maschine etwa 40000 Volt) für unsere weiteren Versuche.

Wo kommt aber nun die schier unbegrenzte Elektricitätsmenge her, welche die Influenzmaschine bei fortgesetztem Drehen zu liefern vermag?

Umwandlung von mechanisch. Arbeiten in Elektricität.

Anfangs — ehe die Papierscheibe elektrisiert wurde — gaben wir der Kurbel eine solche Drehungsgeschwindigkeit, dass 2 Rotationen auf 1 Sekunde kamen. Nach dem Loslassen machte dann die Kurbel noch *42* Umläufe, ehe sie stillstand. Versuchen wir jetzt, wo die Maschine in voller Thätigkeit ist, dasselbe — — Sie bemerken, die Kurbel macht nach dem Loslassen jetzt blos *10*$^1/_4$ Umdrehungen, also etwa 4 mal weniger; auch fühlen wir beim Drehen der Kurbel einen merklich grösseren Widerstand als vorhin, d. h., wir müssen eine grössere Kraft aufwenden, um die arbeitende Maschine zu drehen. Wir sehen hieraus: Die Elektricität wird auf Kosten der Kraft erzeugt, welche zum Drehen der Scheibe angewandt werden muss. *Wir haben hier also ein hübsches Beispiel für die Umwandlung von mechanischer Arbeit in Elektricität!*

Setze ich die elektrischen Flaschen (F_1 und F_2) wieder an ihren Platz und verbinde ihre äusseren Belegungen durch einen Metallstab (d, Fig. 49), so sehen Sie die Funken sich viel langsamer folgen, dagegen sind sie glänzender und stärker; zugleich hören Sie statt des Zischens bei jedem Funken ein knatterndes Geräusch. Ich ziehe langsam die Konduktoren weiter auseinander — Sie hören scharfe, knallartige Entladungen, die eine blitzähnliche Knickung der Funkenbahn zeigen.

Bis 26 cm lang werden diese künstlichen Blitze — weiter kann ich die Kugeln nicht auseinanderziehen! Diese starke Leistung zeigt die Maschine aber nur bei genügend trockener

Luft, — Sie bemerken einen eigentümlichen Geruch, der umsomehr hervortritt, je besser die Maschine wirkt — das ist das Ozon oder „aktiver Sauerstoff“, der dadurch entsteht, dass die aus je 2 Atomen zusammengesetzten Sauerstoffmoleküle sich spalten und dreiatomige Ozonmoleküle bilden.

$$O_2 + O_2 + O_2 = O_3 + O_3$$

$$\text{d. i.}\quad \underbrace{\begin{matrix}O\\O\end{matrix} + \begin{matrix}O\\O\end{matrix} + \begin{matrix}O\\O\end{matrix}}_{\text{Sauerstoff}} = \underbrace{\begin{matrix}O\\O\\O\end{matrix} + \begin{matrix}O\\O\\O\end{matrix}}_{\text{Ozon.}}$$

Das Ozon stellt eine wirksamere Form des Sauerstoffgases vor.

* * *

Ehe ich Ihnen vermittelst der Influenzmaschine die Wirkung grösserer Elektricitätsmengen zeige, möchte ich Ihnen die Maschine im Dunkeln vorführen. Wir drehen den Gashahn zu — — Bitte achten Sie auf die rotierende Scheibe: wo aus den Saugkämmen + E auf die Scheibe überströmt, sehen Sie prachtvolle, blaue Feuerzungen, während die ausströmende

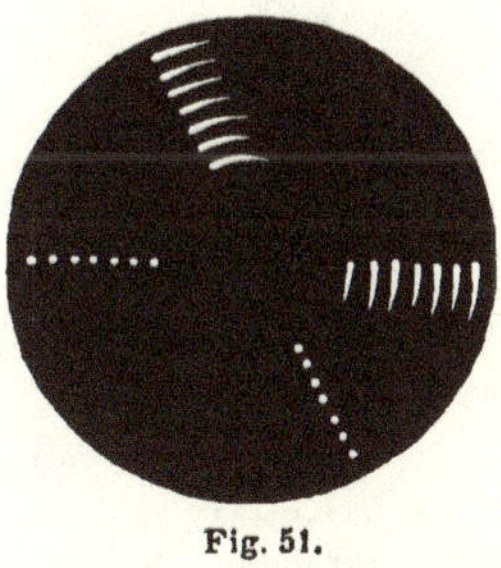

Fig. 51.

— E bei jeder Spitze nur ein Lichtpünktchen zeigt (Fig. 51). Sie sehen hier einen charakteristischen Unterschied zwischen beiden Elektricitäten. Ich entferne wieder die Leydener Flaschen und nehme die beiden Kugeln von den Konduktoren, so dass zwei stumpfe Spitzen sich gegenüberstehen. Setze ich nun die Maschine in Gang, so sehen wir (Fig. 52) an dem positiven Konduktor einen leuchtenden Faden von etwa

2 cm Länge, der sich am Ende verästelt und so einen hübschen Lichtbüschel bildet, während am negativen Konduktor nur ein Lichtpunkt auftritt.

Fig. 52.
Elektrisches Büschellicht. Natürl. Grösse.

Um Ihnen gleich im Zusammenhange noch einen charakteristischen Unterschied zwischen der positiven und der negativen Elektricität zu zeigen, befestige ich an dem Leitungsstabe eines Papierelektrokopes einen horizontalen Draht (d, Fig. 53) und hänge daran eine mit einem Eisenhaken versehene Zinkplatte (Zn) welche ich heute frisch amalgamiert und eben rein

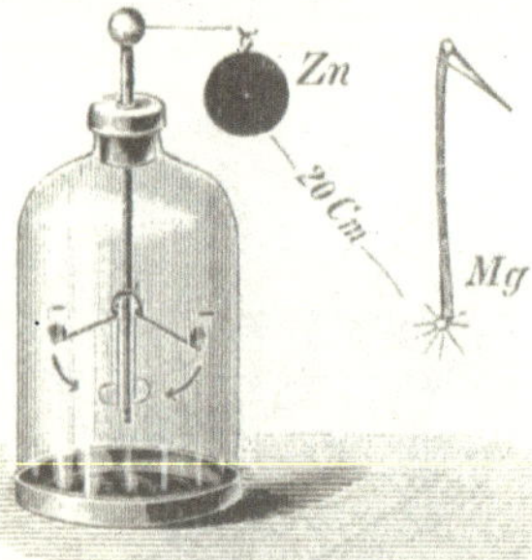

Fig. 53.
Wirkung des Magnesium-Lichtes auf negativ-elektrische Körper. $^1/_7$ natürl. Grösse.

abgewischt habe. Nun lade ich das Elektroskop mit $+E$, entzünde ein Stück Magnesiumband und halte es in etwa 20 cm Entfernung von der Zinkplatte — es erfolgt keine Wirkung! Jetzt lade ich das Elektroskop mit $-E$ und wiederhole den Versuch — sofort sehen Sie die Blättchen zusammenfallen, d. h. die negative Elektricität wird unter dem Einfluss des Magnesiumlichtes von der amalgamierten Zinkplatte sofort durch die Luft zerstreut, die positive Elektricität dagegen nicht. Hieraus ergiebt sich, dass zwischen dem Licht und der Elektricität irgend eine Beziehung stattfinden muss. Die neuesten, noch nicht abgeschlossenen Versuche haben nun thatsächlich einen Zusammenhang zwischen den Erscheinungen des Lichtes und der Elektricität gezeigt, doch sind wir von der Lösung des Rätsels noch weit entfernt.

Nun wollen wir mit Hülfe der Influenzmaschine einige Versuche anstellen.

Fig. 54.
Franklin'sche Blitzröhre. $^1/_8$ natürl. Grösse.

I. Diese Glasröhre (Fig. 54), welche innen mit rautenförmigen Staniolstückchen so beklebt ist, dass diese Stücke eine Schraubenlinie beschreiben, hat an den Enden aufgeschobene Blechstreifen. Lege ich die Röhre so auf die Seitenarme der Hauptkonduktoren, deren Kugeln weit auseinader gezogen sind, dass die Blechkapseln (b) mit den Konduktoren in Verbindung sind, und setze die Maschine in Gang, so sehen wir eine allerliebste hellleuchtende Schlangenlinie, besonders, wenn

Fig. 55.
Schwarz-weisse rotierende Scheibe. $^1/_{10}$ natürl. Grösse.

die beiden Flaschen wieder eingeschaltet und die Konduktoren mit ihren Kugeln versehen sind. Die kleinen, in den Lücken zwischen den Staniolstückchen überspringenden Fünkchen verbreiten eine genügende Helligkeit, um die einzelnen Teile des Apparates deutlich zu erkennen. Das ist die Franklin'sche Blitzröhre.

II. Um Ihnen die ausserordentlich kurze Dauer des elektrischen Funkens anschaulich zu machen, will ich mit dem Funken eine sehr schnell rotierende Scheibe be- **Dauer des elektrischen Funkens.**

leuchten, welche aus 16 schwarzen und 16 weissen Sektoren besteht (Fig. 55) und durch ein Uhrwerk um eine horizontale Achse so rasch gedreht wird, dass bei der Beleuchtung durch Tages- oder Lampenlicht, die ganze Scheibe ein gleichförmiges Grau zeigt. Verdunkeln wir wieder das Zimmer, so scheint bei jedem Aufblitzen des elektrischen Funkens die Scheibe still zu stehen, doch hören Sie am summenden Tone des Apparates, dass sie schnell rotiert — sie macht etwa 30 Umläufe in der Sekunde. Auf einem von uns fixierten Punkte der Scheibe wechseln also $32 \cdot 30 = 960$ mal in der Sekunde hell und dunkel! Die Fortrückung der Scheibe während der

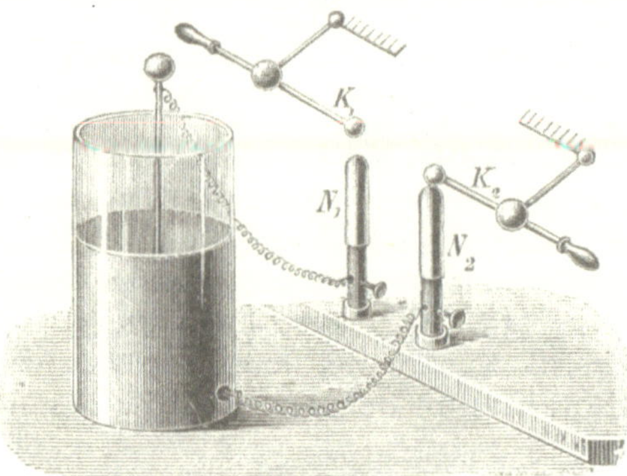

Fig. 56.

Dauer eines Funkens ist dennoch so gering, dass uns die Scheibe zu stehen scheint. Genauere Versuche haben ergeben, dass die Dauer des elektrischen Entladungsfunkens etwa $^1/_{72000}$ Sekunden beträgt. Die Geschwindigkeit des elektrischen Funkens in einem guten Leiter ist nahezu gleich der des Lichtes. (Nach W. Siemens im Eisendraht etwa 31 000 geogr. Meilen in der Sekunde. Die des Lichtes beträgt 41 000 g. M.)

III. Jetzt wollen wir die grosse Leydener Flasche laden. Ich verbinde zu diesem Zweck die beiden Belegungen durch Drähte mit den bisher unbenutzten Nebenkonduktoren (N_1 u. N_2 Fig. 56, vgl. Fig. 49) und schiebe die Metallhülsen so weit hinauf, dass die eine den Konduktor (K_2) berührt, die andere noch etwa $1^1/_2$ cm absteht. Beim Drehen der Maschine springen an dieser Stelle Funken über, welche wir zählen können, da sie uns einen ungefähren Begriff von der Ladungsstärke der Flasche geben. Nachdem 25 Funken gezählt worden sind — wozu nur wenige Umdrehungen der Kurbel genügen — entferne ich die Verbindungsdrähte und entlade die Flasche vermittelst des Entladers — Sie hören einen Knall, wie bei einem Pistolenschuss und sehen einen kurzen, aber glänzenden Funken!

Noch bedeutender ist die Wirkung, wenn wir eine grössere Flasche nehmen, oder, was bequemer ist, mehrere Leydener Flaschen zu einer sogenannten elektrischen Batterie zusammensetzen, indem wir die äusseren und die inneren Be-

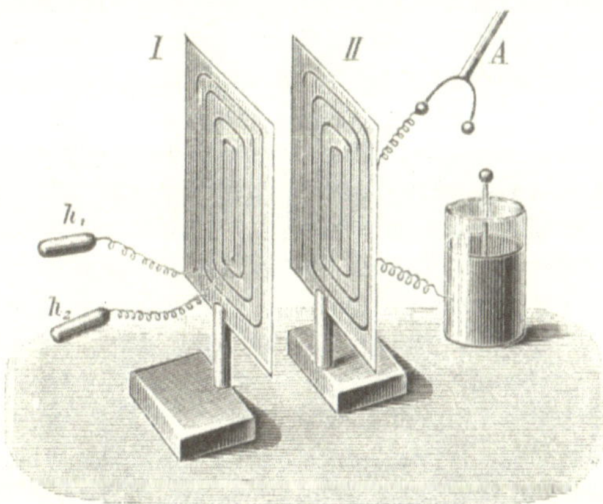

Fig. 57.
Induktions-Spirale. $^1/_{10}$ natürl. Grösse.

legungen unter sich leitend verbinden. Auf diese Weise können wir das Fassungsvermögen (die Kapacität) unseres elektrischen Magazins beliebig steigern. Der Entladungsfunke einer elektrischen Batterie kann unter Umständen Glas durchbohren, Drähte schmelzen und dergl. Durch den menschlichen Körper geleitet, bewirkt eine Batterieentladung eine heftige Erschütterung, die sogar tötlich werden kann.

IV. Hier sehen Sie zwei Drahtspiralen auf zwei Glimmerscheiben von 1 mm Dicke so befestigt, dass beide Spiralen, einander gegenübergestellt sich genau decken. Die Spirale I (Fig. 57) ist mit zwei weichen Drähten versehen, die in Metallhandhaben (h_1 und h_2) endigen. Ich stelle die Spirale I dicht Induktions-Spirale.

an die Spirale II (in Fig. 57, der besseren Uebersicht wegen, auseinandergerückt) und verbinde das eine Ende des Drahtes mit der äusseren Belegung einer geladenen kleinen Leydener Flasche, das andere Ende mit dem Auslader (A). Nähere ich jetzt die freie Kugel des Entladers der Flaschenkugel, so springt an den auf 5—10 mm genäherten Handhaben der anderen Spirale gleichfalls ein Funken über und eine Person, welche die Handhaben ergriffen hat, empfindet einen elektrischen Schlag. Diese Influenzwirkung heisst elektrische Induktion und wird uns noch weiter beschäftigen. Wo starke elektrische Entladungen stattfinden, treten in den benachbarten Leitern ähnliche Induktionswirkungen auf. Entzieht man z. B. dem stark geladenen Konduktor einer Reibungselektrisiermaschine einen Funken, so kann eine danebenstehende Person einen elektrischen Schlag empfinden, ohne von dem Funken direkt getroffen zu sein. Man nennt diese Erscheinung auch den elektrischen Rückschlag. Durch die Ansammlung grosser Electricitätsmengen wird in allen benachbarten Leitern das elektrische Gleichgewicht gestört. Die ungleichnamige Elektricität wird angezogen und gebunden; in dem Augenblick, wo die influierende Elektricität durch Entladung verschwindet, verbindet sich die bisher gebundene Elektricität des benachbarten Leiters mit der vorher abgestossenen gleichnamigen. In dem Leiter entsteht auf diese Weise gewissermaassen eine elektrische Welle, deren Wirkung bei starken Entladungen, wie den Blitzen, so bedeutend sein kann, dass Menschen und Tiere von dem elektrischen Rückschlage getötet werden.

Umwandlung von Elektricität in Arbeit.

V. Wir haben gesehen, dass die zum Drehen der rotierenden Scheibe an der Influenzmaschine verwandte Kraft zum Teil in Elektricität (genauer gesagt, in elektrische Energie) und zum Teil zur Ueberwindung der Reibung an den Achsen und an dem Schnurlaufe, also in Wärme verwandelt wurde. Nun wollen wir versuchen, diesen Process umzukehren, d. h. durch Elektricität Arbeit zu erzeugen.

Ich setze eine zweite, gleichgebaute Influenzmaschine, die ich zu diesem Zwecke aus einem anderen physikalischen Kabinett entliehen habe, in Thätigkeit, wobei ich nur — von der Vorderseite aus gesehen, nicht die linke, sondern die rechte

Papierscheibe mit + E lade. Wenn ich nun beide Maschinen mit den Vorderseiten einander gegenüberstelle (Fig. 58), so stehen sich die gleichnamigen Konduktoren gegenüber! Bitte, achten Sie auf die Richtung, in welcher die bewegliche Scheibe der neuen Maschine (II) rotiert, wenn ich sie in Thätigkeit setze. (Ein kleines Stück roten Papieres, das ich nahe der Achse aufgeklebt habe, markiert Ihnen die Bewegung.) Jetzt verbinde ich die beiden gleichnamigen Konduktoren durch zwei Kupferdrähte (d_1 und d_2) und nehme, zur Verminderung der Reibung, von der angekuppelten Maschine (II) den Schnurlauf ab. Nun beginne ich die Maschine I zu drehen, und bald zeigt ein starkes Zischen an, dass die

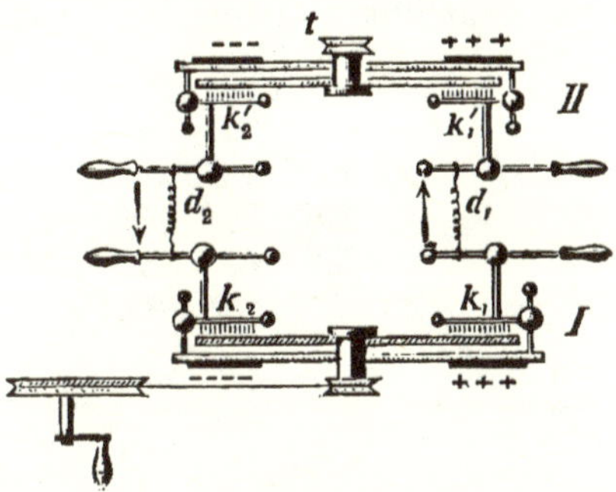

Fig. 58.

Maschine gut wirkt. Ich gebe der beweglichen Scheibe der II Maschine einen kleinen Stoss — siehe da! sie beginnt schneller und immer schneller zu rotieren, und zwar in umgekehrter Richtung wie vorhin. Ich wiederhole den Versuch und drehe die Scheibe absichtlich in der anderen Richtung — — sie kehrt um und rotiert wieder, wie oben, d. h. *die Scheibe der verkuppelten Maschine läuft in umgekehrter Richtung, wie anfangs, bei der Erzeugung der Elektricität!*

Wickle ich um die Triebrolle (t) der II. Maschine einen Faden, an den ich ein kleines Gewicht befestige, so kann ich unmittelbar durch strömende Elektricität ein Gewicht heben, also *Elektricität in Arbeit umsetzen* (Holtz 1871)!

Wie sollen wir uns nun diesen Vorgang erklären?

Betrachten wir uns die rotierende Scheibe (Fig. 59 a. d. f. S.). Die Papierscheibe rechts hatte + E und die bewegliche Scheibe wurde ursprünglich in der Richtung des Uhrzeigers gedreht, also wurde der untere Teil der Scheibe mit — E, der obere mit + E geladen! Jetzt strömt durch den Saugkamm des Konduktors K'_1 (rechts) + E heran, durch K'_2 (links) — E. Beide Saugkämme ziehen die ungleichnamig elektrischen Teile der beweglichen Scheibe an und stossen die gleichnamigen ab. Die bewegliche Scheibe steht also unter dem Einflusse zweier Drehkräfte, deren Wirkung sich addiert; daher genügt ein geringer Anstoss, um die Rotation hervorzurufen, die der vorigen Richtung entgegengesetzt sein muss. Da hierbei durch die zugeführte Elektricität die Ladung des fortbewegten Teiles verstärkt wird, so muss die Drehkraft wachsen, die Scheibe also immer schneller rotieren, bis durch Reibung, Aus-

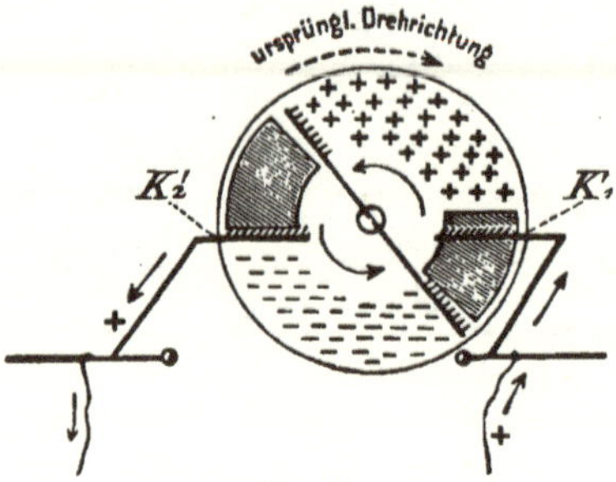

Fig. 59.

strahlung der Elektricität u. s. w. ein Gleichgewichtszustand erreicht wird, dann rotiert die Scheibe gleichmässig fort, so lange der Zufluss an Elektricität sich nicht ändert.

Bei der Erzeugung der Elektricität mussten die elektrisierten Teile der rotierenden Scheibe dem gleichnamigen Konduktor genähert, also der elektrischen Abstossung entgegen bewegt werden; dazu war Arbeit erforderlich; jetzt können die beweglichen Teile der elektrischen Abstossung (und Anziehung) nachgeben, dadurch wird durch elektrische Kräfte Arbeit geleistet! Jedes elektrische Pendel, das durch einen genäherten elektrisierten Stab aus seiner Ruhelage abgelenkt und dabei gehoben wird, ist ein Beispiel dafür, dass durch elektrische Kräfte Bewegung erzeugt und Arbeit geleistet werden kann, doch ist obiges Beispiel besonders anschaulich.

VI. Wir haben bisher den Zustand elektrisierter Körper selbst untersucht. Wie ist nun aber der elektrische Zustand in der Umgebung eines geladenen Körpers?

Ich räume alle Apparate fort und stelle die eine Influenzmaschine weitab, auf einen Nebentisch. Den einen Konduktor verbinde ich mit der Erdleitung, den anderen durch einen an Seidenfäden hängenden, also gut isolierten Draht mit der isolierten Hohlkugel (K, Fig. 60), die frei auf dem Tische steht. Ein Wachslichtchen (*l*) ist an dem Ende eines Ebonitstabes befestigt. In die Flamme taucht ein Platindrähtchen (p), das an einen feinen, umsponnenen Kupferdraht gelötet ist, der zum Leitungsstabe des Elektrometers führt, dessen Aluminium-

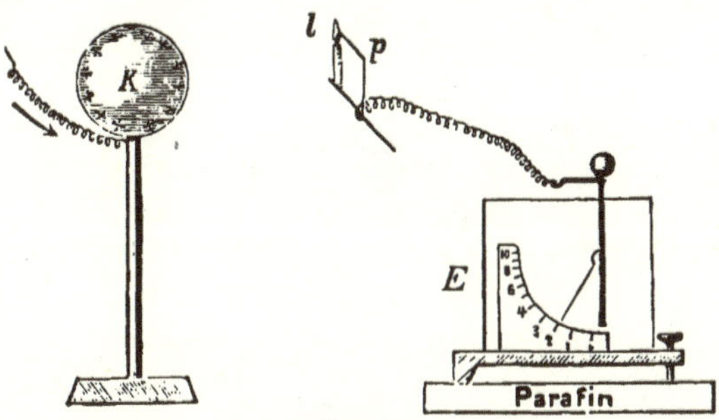

Fig. 60.
Demonstration des elektrischen Niveaus. $^{1}/_{10}$ natürl. Grösse.

blättchen für diesen Versuch durch ein rotes Papierblättchen ersetzt ist. Das Elektrometer steht auf einem Parafinblock, mithin ist das Gehäuse auch isoliert, kann aber durch einen Draht entweder mit der Erdleitung oder mit einem zweiten Kerzchen verbunden werden.

Jetzt bitte ich, dass einer von Ihnen die Influenzmaschine langsam und gleichmässig dreht. Ich nähere die mit dem Elektrometer verbundene Kerze der elektrisierten Kugel. Sie bemerken einen Ausschlag, der stetig grösser wird, je mehr die Flamme, die hier als vielfache Spitze wirkt (vergl. S. 51), der Kugel K genähert wird. Das ist immer der Fall, von welcher Seite ich auch herankomme. Wir sehen hieraus, dass der ganze, die Kugel umgebende Luftraum einen elektrischen Zustand angenommen hat, der umso kleiner ist, je weiter wir uns von dem elektrisierten Körper befinden. Das ganze Wirkungsgebiet eines elektrischen Körpers wollen wir das elektrische Feld nennen.

Nun achten Sie auf die Grösse des Ausschlages, während ich die Flamme in möglichst gleicher Entfernung um die Kugel herumführe — — der Ausschlag bleibt konstant, d. h. die Punkte des Raumes, welche gleichweit von der Kugel entfernt stehen, haben denselben elektrischen Zustandsgrad. Hätten wir, statt der Kugel, den Kegelkonduktor (Fig. 14, S. 26) benutzt, so hätten wir auch die Flamme so um den elektrisierten Kegel herumführen können, dass der Ausschlag am Elektrometer unverändert bleibt, dann aber wäre die von der

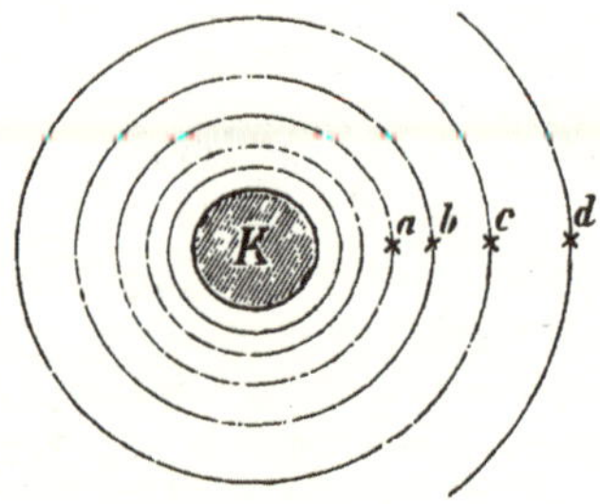

Fig. 61.
Elektrische Niveau-Kurven.

Flamme zu beschreibende Linie eine eigentümlich gekrümmte Kurve gewesen, die zu besprechen ich mir versagen muss, da wir damit die uns gesteckten Grenzen einer elementaren Behandlung der elektrischen Erscheinungen überschreiten würden.

Die Punkte des Luftraumes, welche einem gleichen elektrischen Zustandsgrade entsprechen, bilden bei der elektrisierten Kugel (K) Kugelflächen. Denken wir uns diese umhüllenden Flächen (welche gleichen Zustandsgraden entsprechen) markiert (Fig. 61, a, b, c, d), so bilden sie gewissermaassen Flächen von gleichem elektrischen Niveau, daher nennt man sie auch elektrische Niveauflächen, d. h. Flächen gleichen Zustandsgrades[25]).

---

[25]) Nicht zu verwechseln mit der uns schon bekannten „Niveaufläche der elektrischen Dichte" (Fig. 17, S. 30).

Wir haben bereits früher (S. 44) gesehen, dass ein Elektroskop eigentlich nur die Differenz seines elektrischen Zustandsgrades mit dem seiner Umgebung (des Gehäuses) angiebt. Hiervon können wir jetzt eine interessante Anwendung machen. Ich befestige beide Ebonitstäbchen mit den Lichtchen, von denen eines mit dem Elektrometer, das andere mit dem Gehäuse verbunden ist (s. Fig. 60, hier ist nur eine Verbindung angegeben) in Ständern, die ich ungleich weit von der Kugel entfernt aufstelle. Wird nun die Influenzmaschine gedreht, deren negativer Konduktor jetzt mit der Kugel k verbunden ist, so zeigt das Elektrometer einen gewissen Ausschlag. Ist die mit dem Elektrometer verbundene Kerzenflamme näher zur negativ elektrischen Kugel als die des Gehäuses, so zeigt das Elektrometer $-E$, im anderen Falle dagegen $+E$! — Wir könnten jetzt die Kerzen so verschieben, dass das Elektrometer einen ganz bestimmten Ausschlag, z. B. = 1 Skaleneinheit, zeigt, dann können wir sagen: Zwischen diesen beiden elektrischen Niveauflächen besteht die elektrische Niveaudifferenz = 1, oder: sie haben ein Zustandsgefälle = 1.

Genaue Messungen haben nun gezeigt, dass die Niveauflächen, welche gleichen elektrischen Zustandsdifferenzen entsprechen, um so dichter zusammengedrängt sind, je näher sie dem elektrischen Körper liegen (a, b, c, d, Fig. 61). Diese elektrischen Niveauflächen haben neuerdings eine wichtige Bedeutung für die Theorie der elektrischen Erscheinungen erlangt und wir werden ihnen noch bei der atmosphärischen Elektricität begegnen.

VII. Ihnen sind die hübschen magnetischen Linien bekannt, die entstehen, wenn man die Pole eines Hufeisenmagnets mit einem Stück Karton bedeckt, darauf Eisenfeile streut und an den Karton klopft. Man nennt diese Linien magnetische Kraftlinien, weil sie die Richtung angeben, in welcher in den betreffenden Punkten die magnetischen Anziehungskräfte zwischen beiden Polen wirken.

Jetzt will ich Ihnen ganz ähnliche elektrische Kraftlinien zeigen. In ein flaches, cylindrisches Glasgefäss (g Fig. 62) giesse ich, etwa 2 cm hoch, gereinigtes wasserfreies Terpentinöl und schütte etwas schwefelsaures Chinin hinein.

An dem Rande des Gefässes sind zwei starke, federnde Drähte so eingeklemmt, dass die kleinen Metallkugeln, in die sie enden, in das Terpentinöl tauchen. Mit einem Glasstabe rühre ich die Flüssigkeit um, damit das Chininpulver gleichmässig verteilt wird, und stelle das Gefäss auf einen schwarzen Karton, von dem sich das weisse Pulver scharf abhebt. Nun verbinde ich die beiden Drähte mit den Konduktoren der Influenzmaschine und drehe diese sehr langsam — sofort sehen Sie die weissen Chininkrystalle sich gruppieren und prachtvolle Linien bilden (B, Fig. 62), die „elektrischen Kraftlinien". Die Gestalt dieser Linien erinnert an die des Lichtbüschels bei der Influenzmaschine (Fig. 52, S. 98). Das Terpentinöl ist ein

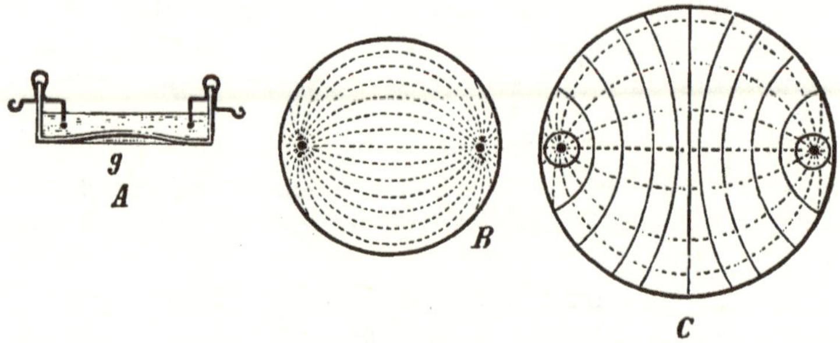

Fig. 62.
A. Apparat zur Erzeugung elektrischer Kraftlinien (nach einer englischen Zeitschrift). B. Elektrische Kraftlinien. C. Elektrische Kraftlinien von Niveaukurven geschnitten. A 1/4 und B 1/10 natürl. Grösse.

schlechter Leiter der Elektricität, die Chininkrystalle sind Halbleiter; die flüssige Beschaffenheit des die Krystalle umgebenden Dielektrikums gewährt Ihnen die Möglichkeit, dem Zuge der elektrischen Anziehungskräfte zu folgen. Denken Sie sich um jede der eintauchenden Kugeln die elektrischen Niveauflächen gezogen (C, Fig. 62), so würden Sie finden, dass die Kraftlinien die Niveauflächen stets senkrecht schneiden. Stelle ich in das Gefäss einen Blechring von der Höhe der Terpentinschicht, so sehen wir im Hohlraume keine Kraftlinien auftreten.

Hier muss ich abbrechen, möchte aber darauf hinweisen, dass das Studium der elektrischen und der magnetischen Kraftlinien in neuester Zeit von grösster praktischer Bedeutung für die Herstellung starker elektrischer (Dynamo-) Maschinen geworden ist.

* * *

Begleiten Sie mich in Gedanken auf einer der kleinen Wanderungen, die ich bei meinem Landaufenthalte im vorigen Sommer unternahm, um die atmosphärische Elektricität zu untersuchen. Es ist 10 Uhr vormittags, bei unbewölktem Himmel, dabei wenig Wind.

Unser Ziel ist eine fast baumlose Haide, wo kein Gebäude oder ein anderer höherer Gegenstand den regelmässigen Verlauf der Niveauflächen der Erdelektricität stört. Als Messapparat dient uns ein Aluminium-Elektrometer (E, Fig. 63), das sich vor dem von uns bisher gebrauchten durch ein rundes Blechgehäuse unterscheidet. Auch ist die Voltskala auf einem die Rückwand bildenden Planspiegel angebracht, wodurch die Genauigkeit der Ablesung erhöht wird. Das Elektrometer kann auf einen Ebonitstab geschraubt werden, der unten eine Messingdille hat (m), die auf einen in die Erde gerammten Holzstab (H) gesetzt wird, so dass der Apparat in Augenhöhe sich befindet. Ein Windlicht (L), dessen Schutzcylinder aus Glimmer besteht, ist gleichfalls auf einem eben solchen Ebonitgestell befestigt und kann vermittelst angesetzter Holzstäbe von verschiedener Länge 1—3 Meter emporgehoben werden. In die Flamme taucht, wie beim vorigen Versuch (S. 105), ein Platindraht, der mit einem feinen Kupferdraht (Cu) verbunden ist.

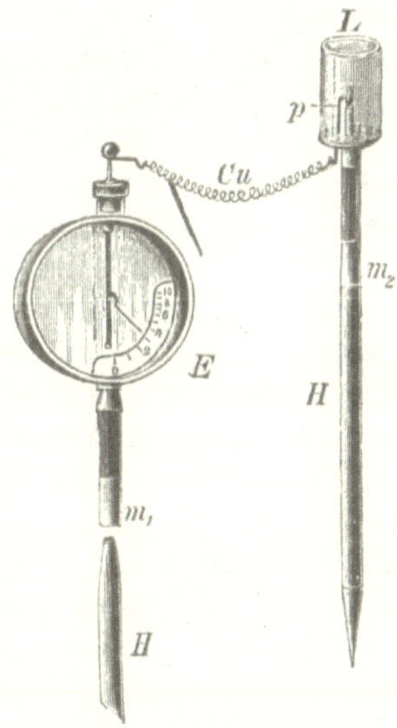

Fig. 63.
Elektrometer für atmosphärische Elektricität (E) mit Flammenkollektor. $^1/_{10}$ natürl. Grösse.

Ich halte das Windlicht in gleicher Höhe mit dem Blechgehäuse und berühre, indem ich den Ebonitgriff des Drahtes fasse, zuerst mit dem Drahtende das Gehäuse, das damit den elektrischen Zustandsgrad der elektrischen Niveaufläche annimmt, in der sich die Flamme nun befindet. Darauf hake ich den Draht an den Leitungsstab des Elektrometers (ohne das Gehäuse zu berühren) und hebe das Windlicht soweit, dass es um 1 Meter höher steht, als vorhin — wir erhalten bald einen Ausschlag von

0,75 Skalenteilen oder — da 1 Skalenteil = 200 Volt ist — von 150 Volt! (vergl. S. 67.)

Ich hebe das Windlicht noch um 1 m höher — der Ausschlag = 1,8 Skalenteile = 360 Volt, bei 3 Meter Höhenunterschied 2,4 Skalenteile = 480 Volt; im Durchschnitt kommt also auf 1 Meter Höhendifferenz eine elektrische Zustandsdifferenz von (150 + 360/2 + 480/3) : 3 = 163 Volt. Eine Probe mittelst eines Stückes Siegellack zeigt, dass das Elektrometer in jedem Falle mit + E geladen war! — Diese Zahlenwerte schwanken sehr je nach der Örtlichkeit, der Tages- und der Jahreszeit und dem Feuchtigkeitsgehalt der Luft, doch zeigt sich fast immer — bei unbewölktem Himmel — die Luft positiv elektrisch und zwar erhält man eine umso grössere Ladung des Elektrometers, je höher die aufsaugende Flamme, der „Flammenkollektor"[26]), sich über der Erdoberfläche befindet, während das Gehäuse mit der Erde leitend verbunden ist. Der von uns erhaltene Wert ist verhältnismässig recht klein. Nach den neueren Untersuchungen (Exner, Weber u. A.) beträgt die elektrische Niveaudifferenz bei trockner Luft im Durchschnitt 1300 Volt für je 1 m Erhebung über den Erdboden.

Wie sollen wir uns jetzt die Entstehung der Gewitter und insbesondere die gewaltige Anhäufung der atmosphärischen Elektricität, bei welcher oft Blitze von 2—3 Kilometer Länge beobachtet werden, erklären?

Nach einer Idee von Benjamin Franklin liess man zuerst 1752 Drachen steigen, die mit einer Metallspitze versehen waren und durch einen in die Schnur geflochtenen Draht mit einer isolierten Metallkugel verbunden waren. Näherte man dieser Kugel den einen Schenkel eines Ausladers, der mit der Erde leitend verbunden war, so konnte man Funken bis zu 1 m Länge und darüber erhalten, wenn der Drachen hoch genug, bis nahe an die Gewitterwolke, gestiegen war. Damit sind aber die gewaltigen Blitze noch nicht erklärt.

Entstehung des Gewitters.

Denken wir uns eine Wolke Wasserdampf durch Ver-

---

26) Als Ansammlungsapparat (oder Kollektor) wird vielfach statt der isolierten Flamme auch ein Wasserstrahl benutzt, der mit gleichmässigem Drucke aus einem isolierten Metallgefäss herausströmt (Wasserkollektor).

dunstung vom Meeresspiegel (der den elektrischen Zustandsgrad der Erde hat) in eine Höhe von 3000 Meter gehoben, so könnte selbst im günstigsten Falle (wo auf 1 m Höhenunterschied 1300 Volt kommen) die elektrische Zustandsdifferenz zwischen der Wolke und der Erde nur $1300 \times 3000 = 3\,900\,000$ Volt betragen. Nun sind aber für eine Funkenstrecke von 1·2 cm schon 30000 Volt erforderlich, also entspricht obige elektrische Niveaudifferenz nur einer Schlagweite von 15 bis 16 Metern; mithin bleibt die Länge der Blitze unerklärt. Es muss also bei der Gewitterwolke noch ein anderer Umstand mitwirken — und das ist die Kondensation des Wasserdampfes, d. h. das Zusammenfliessen der Dampfbläschen zu Regentropfen (Humboldt).

Die Wasserdampfbläschen haben, nach optischen Messungen einen Halbmesser von 0,001 cm (also eine Kapacität von 0,001; s. S. 121). Eine Million solcher Dampfbläschen hat eine Kapacität von $0{,}001 \times 1000000 = 1000$ cm. (Genaueres über die Kapacität werden wir das nächste Mal erfahren.) Fliessen diese Blättchen aber in einen Tropfen von 0,1 cm Halbmesser zusammen, so beträgt die Kapacität nur noch 0,1, ist also $1000/0{,}1 =$ *10000 mal kleiner geworden*, mithin muss die elektrische Dichte auf das *10000*fache steigen!

Damit sind die beim Gewitter beobachteten riesigen Funkenstrecken genügend erklärt[27]).

Die zerstörenden Wirkungen des Blitzes sind Ihnen bekannt. Personen, die von ihm, oder von dem elektrischen Rückschlage (s. S. 102), getroffen wurden, wurden entweder getödtet oder mehr oder weniger gelähmt. Gebäude, Bäume u. s. w. wurden teils entzündet, teils zertrümmert, selbst Mauern von der Stelle gerückt. Die nicht zündenden Blitze werden als „kalte Schläge" bezeichnet, doch drückt dieser Name nur die zufällige Wirkung des Blitzes aus, denn man hat beobachtet, dass derselbe Blitz, der das eine Gebäude als „kalter Schlag" beschädigte, das Nebengebäude in das er übersprang, entzündete.

Die Idee, den Blitz durch die Spitzenwirkung (s. S. 86) unschädlich zu machen, indem man die Elektricität der heran-

---

[27]) Dieses Beispiel ist Pfaundler (Lehrb. d. Phys. u. Meteorol. IX. Aufl. 1890, III. S. 307—308) entlehnt.

nahenden Gewitterwolke neutralisiert und den etwa dennoch einschlagenden Blitz in die Erde leitet, wird allgemein als eine Erfindung Franklin's angesehen, scheint aber den alten Kulturvölkern nicht unbekannt gewesen zu sein; wenigstens sind die kupferbeschlagenen Masten und Steinpfeiler vor einigen Tempeln der alten Ägypter kaum für etwas anderes, als einfache Blitzableiter anzusehen (vergl. Anh. 14, S. 144).

Franklin's Blitzableiter besteht aus einer möglichst gut vergoldeten oder mit Platin überzogenen Metallspitze, die das zu schützende Gebäude genügend überragt und durch Nebenspitzen unterstützt wird, die an anderen Punkten des Daches angebracht sind. Alle Metallspitzen, sowie auch alle grösseren Metallmassen des Gebäudes (Blechdächer, Dachrinnen, Gas- und Wasserleitungen, eiserne Mauerstützen, selbst wenn sie im Inneren des Hauses angebracht sind) müssen — wo möglich, an den Endpunkten — unter sich und mit der Erde durch genügend starke Leitungen aus Eisen- oder Kupferstäben verbunden sein. Vor allem darf sich in der Erdleitung keine Lücke oder schwächere Stelle befinden, da sonst der erste Blitzschlag hier eine Schmelzung hervorrufen kann, wodurch die Leitung unterbrochen wird und der ganze Blitzableiter eine neue Gefahr für das Gebäude bildet, das er schützen soll.

Damit haben wir alle wichtigen Erscheinungen der statischen Elektricität kennen gelernt und können nun — auf Grund der gewonnenen Erfahrungen — versuchen: in das Wesen des elektrischen Zustandsgrades einzudringen und uns eine Vorstellung von den elektrostatischen Maasseinheiten zu bilden.

VI. Vortrag.

Hydrostatische und elektrostatische Erscheinungen; Begriff der elektrischen Kapacität; Beziehung zwischen der elektrischen Kapacität von Kugeln und dem Halbmesser, Kapacitätseinheit, Beziehung zwischen Elektricitätsmenge und Kapacität sowie Zustandsgrad und Kapacität; Prüfung dieser Beziehungen bei negativer Elektricität und bei ungleichnamiger Ladung zweier Körper; Herleitung des Begriffs der elektrostatischen Einheit; Praktische Einheit der Elektricitätsmenge (das Coulomb); Herleitung des Potentialbegriffs; Einheit des elektrischen Potentials; Praktische Einheit des elektrischen Potentials (das Volt); Arbeitsvorrat eines elektrisierten Leiters.

Wir haben auf unserer Wanderung eine Hochebene erreicht, wo wir rasten und von einem höheren Standpunkte aus den zurückgelegten Weg überblicken können. Nicht mühelos war der Pfad. Oft erschien unser nächstes Ziel schon in greifbarer Nähe — da erkannten wir, dass der eingeschlagene Weg nicht der richtige sei. Die beobachteten Erscheinungen kamen uns zuweilen auf den ersten Blick so leicht verständlich vor, dass wir die Erklärung derselben sogleich abgeben zu können meinten, da traten bei weiteren Versuchen Widersprüche auf, die uns zwangen, unsere anfängliche Ansicht zu ändern und eine neue zu bilden, die sich später vielleicht auch nur als eine Annäherung an die Wahrheit erwies. Ich erinnere Sie z. B. an die Erklärung des Vorganges bei Elektrisierung eines unelektrischen Körpers durch Berührung mit einem elektrischen!

* * *

Wir haben in dem „elektroskopischen Zustande“ oder dem „elektrischen Zustandsgrade“ diejenige Wirkung eines isolierten elektrischen Körpers kennen gelernt, welche sich an einem mit ihm leitend verbundenen Elektroskop oder Elektrometer zu erkennen giebt. — Wir werden dafür auch den kürzeren Ausdruck „Zustandsgrad“ benutzen. Zustandsgrad.

Beim Kalibrieren des Elektrometers sahen wir, dass der Zustandsgrad eines Körpers mit der Anzahl Ladungen, also mit der zugeführten Elektricitätsmenge stetig wächst; dasselbe beobachteten wir in Bezug auf die elektrische Dichte. Nun zeigt aber der Versuch am Kegelkonduktor (Fig. 16, S. 28), dass die *elektrische Dichte* von der Krümmung der betreffenden Oberflächenteile abhängig ist, also bei einem und demselben Körper an verschieden gekrümmten Stellen ganz verschiedene Werte haben kann und im Inneren eines fast geschlossenen Leiters = 0 ist! Der *Zustandsgrad* dagegen ist auf dem ganzen Leiter und im Hohlraume desselben gleich gross — hieraus geht klar hervor, dass der Zustandsgrad von der Dichte durchaus zu unterscheiden ist!

Als einen neuen Begriff lernten wir neulich (S. 76) die elektrische Kapacität kennen. Den Zusammenhang der elektrischen Maassbegriffe: Elektricitätsmenge, Kapacität, Zustandsgrad und Dichte zu untersuchen und den wahren Maassstab für den Zustandsgrad aufzustellen, soll unsere heutige Aufgabe sein.

* * *

Ehe wir uns mit den elektrischen Maassbegriffen abgeben, will ich versuchen, Ihnen an einem bekannteren Beispiel aus der Hydrostatik zu zeigen, um was es sich eigentlich handelt. Hier sehen Sie (Fig. 64) zwei ganz gleiche cylindrische Glas-

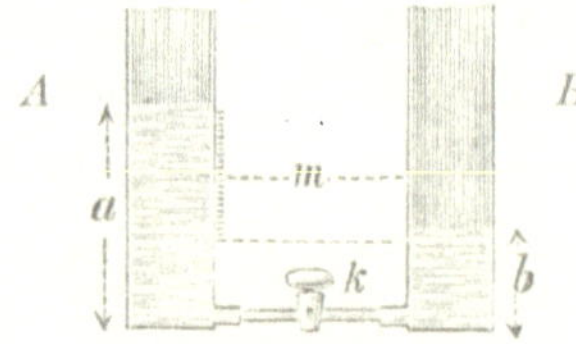

Fig. 64.
Kommunicierende Wassergefässe.

gefässe, die nahe am Boden durch ein Rohr verbunden sind, das durch einen Hahn (k) nach Bedarf geöffnet oder geschlossen werden kann, wodurch die Verbindung beider Gefässe hergestellt oder unterbrochen wird.

Ich fülle, bei geschlossenem Hahn, beide Gefässe mit gefärbtem Wasser, so dass es in dem Gefässe A um 10 cm höher steht, als in B. Das Fassungsvermögen, die „Kapacität“, beider Gefässe ist gleich, ihre augenblickliche Wassermenge und damit zugleich die Wasserhöhe oder, wie wir auch sagen können, der „Füllungsgrad“ ungleich. Öffne ich nun den Hahn, so fliesst solange Wasser von A nach B, bis beide Wasserspiegel gleiche Höhe zeigen, d. h., beide Gefässe haben denselben Füllungsgrad angenommen (m, Fig. 64). Hierbei ist der Wasserspiegel bei A um 5 cm gefallen und bei B um 5 cm gestiegen. Hatte vorher das Gefäss A den Füllungsgrad a, und B den Füllungsgrad b, so zeigen beide nach der Verbindung den mittleren Füllungsgrad $m = (a + b)/2$.

Was wird nun geschehen, wenn beide Gefässe von ungleicher Kapacität sind? Ich ersetze das Gefäss B durch einen Cylinder von doppeltem inneren Durchmesser (also 4 mal

A 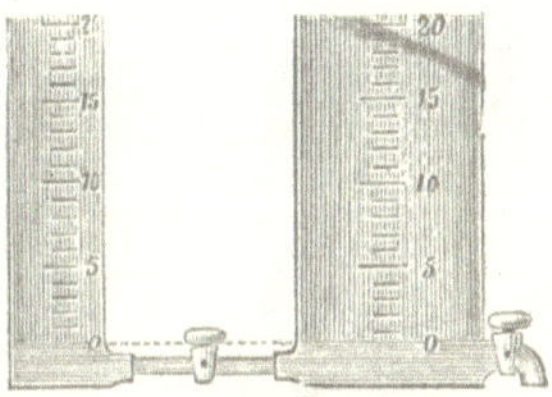 B

Fig. 65.
$^1/_{10}$ natürl. Grösse.

grösserer Bodenfläche). Bei geöffnetem Verbindungshahn giesse ich etwas Wasser ein, und klebe auf beide Gefässe Papier-Centimeterskalen so auf, dass deren Nullpunkt (00) mit der Wasserlinie zusammenfällt (Fig. 65).

Jetzt wollen wir die Kapacität beider Gefässe vergleichen. Zu diesem Zweck schliesse ich den Verbindungshahn und giesse Wasser in das Gefäss A vermittelst eines kleinen Schöpfgefässes, bis der Wasserspiegel um *1* cm gestiegen ist — es sind gerade 5 Füllungen nötig[28]), dagegen sind bei B 20 Füllungen nötig, also sind bei B 4 mal mehr Füllungen erforderlich, um denselben Füllungsgrad zu erreichen, wie bei A, d. h.

[28]) Bei früheren Versuchen wurde das zinnerne Schöpfgefäss durch Beschneiden des Randes so abgepasst, dass genau 5 Füllungen desselben ein Steigen der Wassersäule in A um 1 cm bewirken.

B hat eine vier mal grössere Kapacität[29]) als A! Bei gleichen Füllungsgraden (Wasserhöhen) enthält mithin B eine 4 mal grössere Wassermenge. Hieraus ergiebt sich:

I. *Bei gleichem Füllungsgrade zweier Gefässe verhalten sich die Wassermengen wie die Kapacitäten.*

Jetzt lasse ich durch das Abflussrohr (R, Fig. 65) soviel Wasser bei geöffnetem Hahne (K) ausfliessen, dass der Wasserspiegel beiderseits wieder auf 0 steht, und schliesse den Verbindungshahn (K). Vermittelst eines grösseren Schöpfgefässes, das — wie wir uns leicht überzeugen können — genau 10 mal grösser ist, als das vorige, giesse ich in A und in B je 10 Maass, die also 100 Maass des kleinen Schöpfgefässes entsprechen. Sie sehen — in A steht der Wasserspiegel um 20 cm über 0, bei

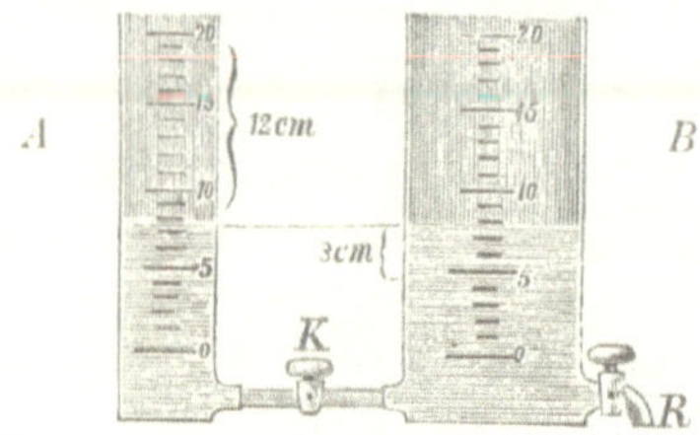

Fig. 66.
$^1/_{10}$ natürl. Grösse.

B nur um 5 cm. Die Füllungsgrade von A und B verhalten sich mithin, wie 20 : 5 = 4 : 1, dagegen die Kapacitäten, wie 1 : 4, d. h.

II. *Bei gleichen Wassermengen zweier cylindrischer Gefässe verhalten sich die Füllungsgrade umgekehrt, wie die Kapacitäten der Gefässe.*

Was geschieht nun, wenn wir den Hahn (K) öffnen? — Die Wasserhöhe wird in beiden Gefässen gleich und beträgt beiderseits 8 cm (Fig. 66). Hierbei hat sich der Füllungsgrad von A um 20 — 8 = 12 cm erniedrigt, der von B um 8 — 5 = 3 cm erhöht. Nun verhält sich 12 : 3 = 4 : 1, d. h. umgekehrt, wie die Kapacitäten, wir können also sagen:

---

[29]) Es sei hier ausdrücklich darauf hingewiesen, dass unter Kapacität *nicht* die maximale Wassermenge verstanden wird, die ein Gefäss aufnehmen kann, das würde dem Volumen entsprechen.

III. *Haben zwei Gefässe einen ungleichen Füllungsgrad, so zeigen dieselben nach der Verbindung einen gleichen Füllungsgrad. Die hierbei, im Vergleich zum vorherigen Zustande, eintretenden Füllungsgrad-Differenzen verhalten sich umgekehrt, wie die Kapacitäten der Gefässe.*

Ich habe hierbei statt des gebräuchlichen Wortes „Wasserhöhe" absichtlich den neugebildeten Ausdruck „Füllungsgrad" benutzt, um Sie damit an den ähnlich klingenden elektrischen „Zustandsgrad" zu erinnern.

Wir haben im Eingange schon bemerkt, dass das Gefäss B einen doppelt so grossen inneren Durchmesser hat, wie das Gefäss A, also hat *B* eine *4* mal grössere Bodenfläche und — wie wir durch Messung fanden — eine *4* mal grössere Kapacität, wie A. Bei cylindrischen Gefässen verhalten sich also die Kapacitäten, wie die Bodenflächen. Haben beide Gefässe gleichen Wasserstand, so ist die Wassermenge in jedem Gefäss = Bodenfläche × Wasserhöhe, oder in unsere Ausdrucksweise übertragen:

IV. *Wassermenge = Kapacität × Füllungsgrad.*

Kehren wir jetzt zu unseren elektrischen Versuchen zurück. Wir werden einige unserer früheren Versuche wiederholen, wollen aber statt der Papierelektroskope zwei Aluminiumelektrometer anwenden, welche nach gleichen Elektricitätseinheiten geaicht sind, deren gleichnamige Skalentheile also gleichen Zustandsgraden entsprechen, was Sie daraus erkennen können, dass beide Apparate, wenn sie durch einen Draht leitend verbunden und dann elektrisiert werden (wobei sie denselben Zustandsgrad annehmen müssen) an den Skalen genau gleiche Ausschläge zeigen.

Als Elektricitätsquelle dient uns die schon früher benutzte grosse Leydener Flasche (Fig. 67 a. d. f. S.), deren Leitungsstab durch einen feinen isolierten Kupferdraht mit einem Papierelektroskop verbunden ist, dessen grobe Skala uns beim Laden der Flasche das Anwachsen der freien Elektricität der inneren Flaschenbelegung anzeigt und uns zugleich in den Stand setzt, zu erkennen, ob während der w. u. zu beschreibenden Versuche die Ladung der Flasche unveränderlich geblieben ist.

Nun schraube ich auf beide Elektrometer Hohlkugeln von je 5 cm Halbmesser. Mit einer kleinen an einem Ebonitfederhalter befestigten Bleiplatte (b, Fig. 67) berühre ich die Kugel der mit + E geladenen Flasche und übertrage die Ladung dieser Probeplatte auf das eine Elektrometer, indem ich die Platte mit der Innenwand der Hohlkugel in Berührung bringe — wir erhalten einen Ausschlag von 1,3 Einheiten! Durch Beschneiden des Randes wollen wir die Grösse und damit die Kapacität der Bleiplatte so verkleinern, dass eine Ladung derselben am Elektrometer genau den Ausschlag $a_1 = 1$ Einheit bewirkt. Da, wie wir neulich (S. 77) sahen, die Kapacität unserer elektrischen Flasche sehr gross ist, so ist der durch die Berührung mit der Bleiplatte bewirkte Elektricitätsverlust der Flasche verschwindend klein. Die

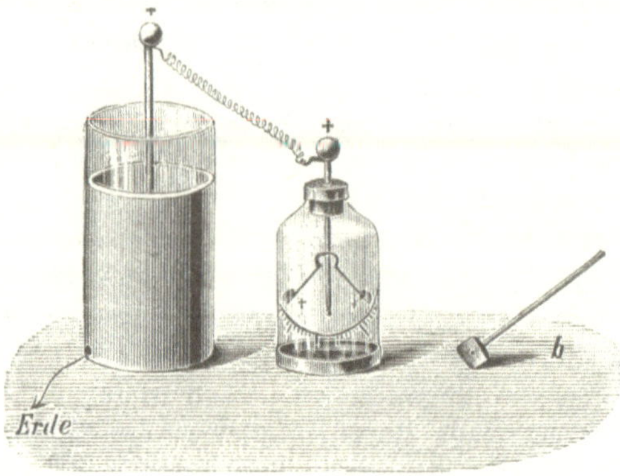

Fig. 67.
Geladene elektrische Flasche als konstante Elektricitätsquelle, nach Szymanski.

einzelnen Ladungen der Platte werden daher längere Zeit hindurch als völlig gleich angesehen werden dürfen.

Wir wollen, der besseren Uebersichtlichkeit wegen, unsere einzelnen Versuche nummerieren.

I. Was geschieht, wenn wir zwei Körper von gleichem elektrischen Zustandsgrade verbinden?

Ich gebe jeder Hohlkugel 4 Ladungen (4 L) und verbinde beide Kugeln durch einen isolirten Draht (d, Fig. 68) — es erfolgt keine Aenderung des Ausschlages. Ich wiederhole den Versuch mit anderen, gleich grossen Ladungen beider Elektrometer — Sie sehen, der Erfolg ist immer derselbe, d. h. haben zwei Körper denselben elektrischen Zustandsgrad, so geht keine

Elektricität von einem Körper zum anderen über. Wir können nun den Rückschluss machen: Zwei Körper haben denselben elektrischen Zustandsgrad, wenn bei leitender Verbindung derselben keine Elektricität von einem Körper auf den andern übergeht! Gleicher Zustandsgrad.

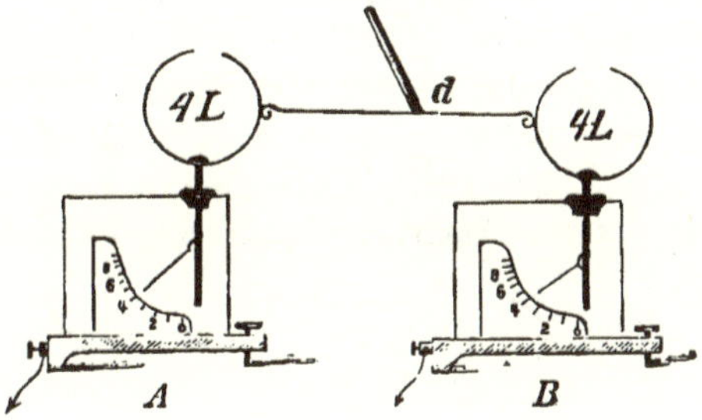

Fig. 68.
Leitend verbundene Elektrometer $^1/_{10}$ natürl. Grösse.

II. Was geschieht nun, wenn wir Körper von ungleichem Zustandsgrade leitend verbinden?

Ich gebe dem einen Elektrometer 8 Ladungen, dem anderen 2 Ladungen (Fig. 69). Verbinde ich jetzt die Hohlkugeln, so zeigen die beiden Elektrometer einen mittleren Ausschlag = 5 (in Fig. 69 punktiert angegeben). Wir sehen hieraus:

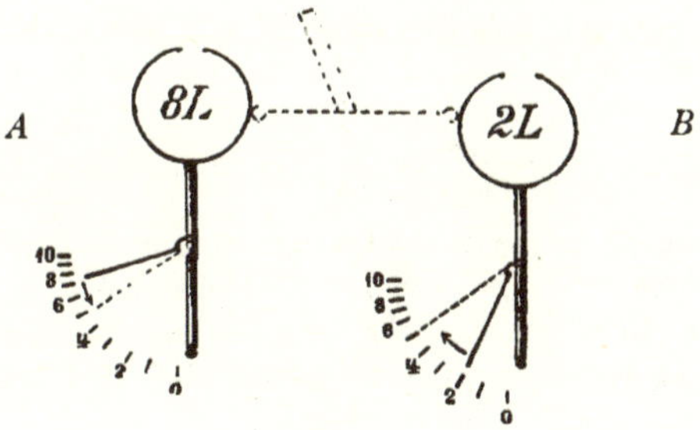

Fig. 69.

Haben zwei Körper ungleiche elektrische Zustandsgrade, so zeigen sie nach der leitenden Verbindung denselben Zustandsgrad. Hierbei fliesst von dem Körper mit höherem Zustandsgrade Elektricität ab auf den Körper mit niedrigerem Zustandsgrade. Die gesamte

Elektricitätsmenge ist unverändert (vor der leitenden Berührung 8 L + 2 L = 10 L; nach der Berührung 5 L + 5 L = 10 L).

Wir hatten zwei Körper von genau gleicher Gestalt und Grösse, also von gleicher Kapacität. Was geschieht nun bei Körpern von ungleicher Kapacität?

III. Ich schraube auf das Elektrometer A eine grosse Hohlkugel[30]) von 10 cm, also doppelt so grossem Halbmesser, und gebe jeder Kugel 1 Ladung. Der Ausschlag bei A ist 0,5, dagegen bei B = 1, d. h. die Zustandsgrade verhalten sich wie 0,5 : 1 = 1 : 2. Gebe ich A noch eine Ladung, also im ganzen zwei Ladungen, so zeigt A auch den Zu-

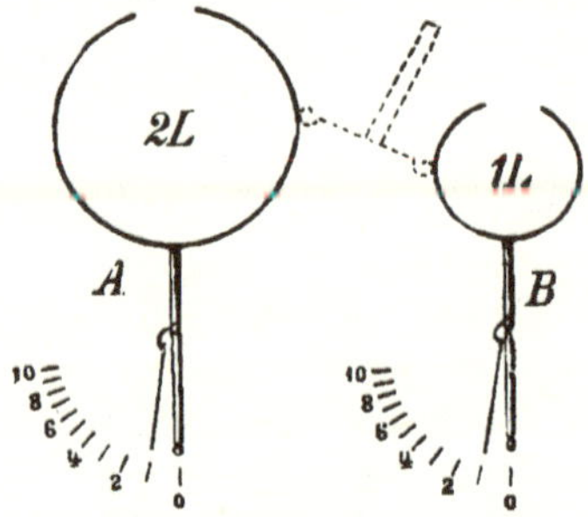

Fig. 70.

standsgrad = 1 und bei leitender Verbindung von A und B tritt keine Zustandsänderung ein (Fig. 70).

Nennen wir die Elektricitätsmenge, welche erforderlich ist, um einen Körper auf den Zustandsgrad = 1 zu laden, die *elektrische Kapacität*[31]) *des Körpers,* so sehen

[30]) Zu diesen Versuchen hätten wir auch anders geformte Hohlkörper, z. B. aus Pappe gefertigte und mit Zinnfolie beklebte Würfel verwenden können, doch haben die Kugeln den Vorzug, die Elektricität besser zu halten, auch steht ihre Kapacität in einer einfachen Beziehung zum Halbmesser, wie wir gleich sehen werden.

[31]) Neulich (S. 76) verstanden wir unter der Kapacität diejenige Elektricitätsmenge, welche dem geladenen Körper entzogen werden musste, um seinen Zustandsgrad um 1 Einheit zu vermindern; hier verstehen wir darunter die Elektricitätsmenge, die nötig ist, um den Zustandsgrad um 1 Einheit zu erhöhen (genauer gesagt, von Z = 0 auf Z = 1 zu laden). Das ist im Wesentlichen dasselbe. — Es sei hier nochmals ausdrücklich darauf hingewiesen, dass unter Kapacität *nicht* die maxi-

wir ohne weiteres, dass die nötigen Elektricitätsmengen bei unseren Kugeln $E_a : E_b = 2\,L : 1\,L = 2 : 1$, und ebenso das Verhältnis der Kugelhalbmesser $r_a : r_b = 10$ cm : 5 cm = 2 : 1, das heisst:

Die elektrischen Kapacitäten zweier Kugeln verhalten sich, wie die Halbmesser!

Nehmen wir einfürallemal die Kapacität einer Kugel von 1 cm Halbmesser als Einheit an, so haben Kugeln von 2, 3, . . . n cm Halbmesser eine Kapacität von 2, 3 . . . n Einheiten, d. h.

Die Kapacität einer Kugel wird gemessen durch die Länge des Halbmessers in Centimetern, oder kurz

$$C = r \quad \ldots\ldots\ldots\ldots \quad (1)$$

Hiernach hat unsere 5 cm-Kugel eine Kapacität C = 5 und die 10 cm-Kugel eine Kapacität C = 10. Nun hatten wir letzthin (S. 77) gefunden, dass die Kapacität unserer grossen elektrischen Flasche, die uns jetzt als Elektricitätsquelle dient, 583 mal grösser ist, als die einer 10 cm-Kugel, also ist die Kapacität der Flasche = 583 . C = 5830, d. h. die Kapacität unserer elektrischen Flasche ist ebenso gross, wie die einer freien Kugel von 5830 cm (oder 58,30 Meter) Halbmesser!

* * *
*

Wie hängt nun der elektrische Zustandsgrad eines Körpers von der Kapacität desselben ab?

IV. Wir sahen schon: um die grosse Kugel, deren Kapacität = 10 ist, auf denselben Zustandsgrad 1 zu bringen, wie die kleinere Kugel, deren Kapacität = 5, war die doppelte Ladung erforderlich (vgl. Fig. 70 a. d. v. S.). Ich wiederhole nochmals den Versuch; Sie sehen, um denselben Zustandsgrad bei A und B zu erhalten, sind nötig:

bei	A	2	Ladungen und	bei	B	1 Ladung
-	-	4	-	-	-	2 -
-	-	6	-	-	-	3 -

u. s. w.

male Ladung verstanden wird, die ein Körper aufnehmen kann. Die maximale elektrische Ladung eines Körpers hängt ab: 1. von der Oberflächenbeschaffenheit; 2. von der Nachbarschaft anderer Leiter, und 3. von dem umgebenden Dielektrikum — ist also unbestimmt!

Wir erkennen hieraus ohne weiteres:

Bei gleichen elektrischen Zustandsgraden zweier Körper verhalten sich die Elektricitätsmengen, wie die Kapacitäten der beiden Körper.

$$E_a : E_b = C_a : C_b \quad \ldots\ldots\ldots \quad (2)$$

Geben wir, wie es beim III. Versuch geschah, beiden ungleich grossen Kugeln dieselbe Ladung 1, so zeigt das mit der grossen Kugel verbundene Elektrometer blos 0,5, das andere 1, also hat die grössere Kugel bei gleicher Elektricitätsmenge einen kleineren Zustandsgrad angenommen. Jetzt gebe ich jeder Kugel 6 Ladungen (Fig. 71), Sie sehen: bei A ist der Ausschlag = 3, bei B = 6, d. h.:

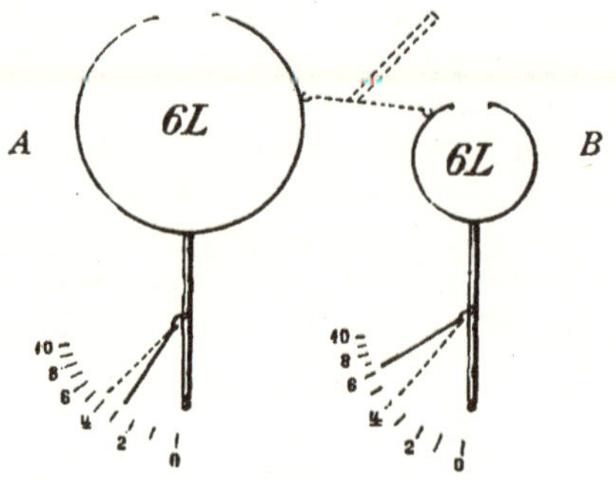

Fig. 71.

Bei gleichen Elektricitätsmengen zweier Körper verhalten sich die Zustandsgrade umgekehrt, wie die Kapacitäten.

$$Z_a : Z_b = C_b : C_a \quad \ldots\ldots\ldots \quad (3)$$

Werden nun beide Kugeln leitend verbunden, so zeigen beide Elektrometer den Zustandsgrad = 4 (in Fig. 43 punktiert). Hierbei hat die kleinere Kugel B 2 Ladungen an die Kugel A abgegeben, denn ihr Zustandsgrad sank von 6 auf 4, also um 2 Einheiten, dagegen stieg der Zustandsgrad von A — wegen der doppelten Kapacität — von 3 auf 4, also nur um 1 Einheit. Wir sehen also:

Werden zwei elektrische Körper leitend verbunden, so nehmen sie denselben elektrischen Zustandsgrad an; die hierbei — im Vergleich zum vorigen Zustandsgrade — eintretenden „Zustandsgraddifferenzen“ verhalten sich umgekehrt, wie die Kapacitäten beider Körper. — Wir sehen, die elektrostatischen Gesetze stehen bis jetzt in völliger Uebereinstimmung mit den von uns heute beobachteten hydrostatischen Gesetzen. Wir haben nur nötig, für „Füllungsgrad“ den Ausdruck „Zustandsgrad“ und für Wassermenge „Elektricitätsmenge“ zu setzen, um die dort gefundenen Gesetze unmittelbar auf die elektrischen Erscheinungen anwenden zu können. Dort sahen wir: Wassermenge = Bodenfläche × Wasserhöhe, oder = Kapacität × Füllungsgrad. Sollte dieses Gesetz gleichfalls bei der Elektricität Geltung haben?

Wir hatten für unseren vorigen Versuch die Elektricitätsquelle und die Grösse der zur Uebertragung der Ladung benutzten Bleiplatte so abgepasst, dass eine Ladung der Probeplatte an der 5 cm-Kugel gerade den Zustandsgrad = 1 hervorrief. Da aber diese Kugel die Kapacität = 5 hat, so enthält jede Ladung (L) der Probeplatte 5 elektrische Einheiten, wie die waren, mit denen das Elektrometer geaicht wurde. Es ist nun (vgl. Fig. 71) bei

Kugel A		Kugel B
Kapacität	$C_a = 10$	$C_b = 5$
Elektricitätsmenge	$E_a = 6\,L = 30$ Einh.	$E_b = 6\,L = 30$ Einheiten.
Zustandsgrad	$Z_a = 3$	$Z_b = 6$

Nun ist aber bei A der Zustandsgrad

$$Z_a = 3 = \frac{30}{10} = \frac{E_a}{C_a}$$

und bei B der Zustandsgrad

$$Z_b = 6 = \frac{30}{5} = \frac{E_b}{C_b}$$

das heisst

$$\text{Zustandsgrad}^{32)} = \frac{\text{Elektricitätsmenge}}{\text{Kapacität}}; \quad \text{also } Z = \frac{E}{C} \,. \quad (4)$$

[32]) Berücksichtigen wir hierbei, dass die Kapacität als eine bestimmte Elektricitätsmenge definiert wurde (S. 120), so ergiebt sich das auf den

Hieraus ergiebt sich die wichtige Beziehung:

Elektricitätsmenge = Zustandsgrad × Kapacität;

$$\text{also } E = Z \cdot C \qquad (4\text{a})$$

Da wir keinen Elektricitätssinn haben, so können wir auch die Elektricitätsmenge, die ein geladener Körper enthält, nicht unmittelbar wahrnehmen, geschweige denn messen. Wir sind daher gezwungen, einen indirekten Weg einzuschlagen, indem wir eine sichtbare Wirkung, die ein elektrisierter Körper hervorzubringen vermag — etwa die Abstossung, welche er auf einen kleinen gleichnamig elektrischen Körper von bekanntem Gewicht ausübt — beobachten und hieraus einen Rückschluss auf die vorhandene Elektricitätsmenge des abstossenden Körpers machen. Ehe wir mit den Versuchen beginnen, wollen wir noch einen Augenblick bei unseren letzten Versuchen verweilen.

Wir haben bisher nur + E zur Ladung der mit dem Elektrometer verbundenen Kugeln verwandt. Es ist einleuchtend, dass eine entsprechende Ladung mit — *E* inbezug auf die Zahlenwerte kein anderes Ergebnis geben kann, wenn beide Kugeln gleichnamig (— E) geladen sind, nur wollen wir in diesem Falle den Zustandsgrad als negativ bezeichnen (— Z).

Für unsere beiden gleichgebauten Papierelektroskope haben wir bereits früher (S. 16) gefunden: gleiche Mengen + E und — E heben sich auf (± E = 0).

Ich schraube auf das Elektrometer wieder die 5 cm-Kugel, sodass die Kapacitäten beider Kugeln gleich sind und lade die eine mit + E, die andere durch Influenz mit — E so, dass der Zustandsgrad gleich ist. Wegen der gleichen Kapacität und des entgegengesetzt gleichen Zustandsgrades muss die absolute Menge der + E = der absoluten Menge der — E sein, also wird bei leitender Verbindung beider Kugeln, der Zustandsgrad = 0 werden. Das ist thatsächlich der Fall!

Gebe ich nun A 10 Ladungen + E vermittelst der Probeplatte, so ist, wie Sie sehen, der Zustandsgrad + Z = 10. Durch Influenz lade ich B mit — E, dass der Zustandsgrad

ersten Blick befremdende Resultat, dass der elektrische Zustandsgrad das Verhältnis zweier Elektricitätsmengen, also eine absolute Zahl bedeutet!

$= -Z = 4$ ist, also 4 Ladungen $-E$ entspricht. Verbinde ich beide Kugeln durch einen isolierten Draht, so werden die 4 Ladungen $-E$ auch 4 Ladungen $+E$ aufheben; es bleiben mithin $10 - 4 = 6$ Ladungen $+E$ nach, die sich — wegen der gleichen Kapacität der Kugeln — gleichmässig auf beide verteilen, also wird jede Kugel 3 Ladungen haben, also den Zustandsgrad $Z = 3$ annehmen — Sie sehen, das geschieht auch in der That!

Haben also isolierte Leiter ungleichnamige Elektricität, so zeigen sie nach der leitenden Verbindung eine Gesamtladung, welche der Differenz der beiden entgegengesetzten Ladungen entspricht. Ob die Restladung + oder — ist, hängt natürlich davon ab, ob die Menge der $+E$ oder $-E$ grösser war. Nach unserem heute gefundenen Gesetz, muss sich diese Restladung auf die leitend verbundenen Körper proportional der Kapacität verteilen. Ein Versuch mit den beiden verschieden grossen Kugeln bestätigt das.

Hieraus geht hervor, dass alle von uns für die positive Elektricität gefundenen quantitativen Beziehungen zwischen Elektricitätsmenge, Zustandsgrad und Kapacität auch für negative und für ungleichnamige Elektricitäten Geltung haben. — Damit haben wir den ersten Teil unserer heutigen Aufgabe gelöst und wollen nun daran gehen, einen absoluten Maassstab für die Einheit der Elektricitätsmenge zu finden.

* * *

Beim Aichen des Elektrometers trugen wir dafür Sorge, dass stets gleiche Elektricitätsmengen zugeführt wurden, haben aber über die Grösse dieser willkürlich gewählten Aichungseinheit, d. h. der benutzten Einheit der Elektricitätsmenge nichts erfahren. Diese zu bestimmen ist nun unsere Aufgabe. — Wir sahen, dass die elektrische Abstossungskraft zwischen zwei gleichnamig elektrischen (oder die Anziehungskraft zwischen zwei ungleichnamig elektrischen Körpern) der Ladung, also der Elektricitätsmenge proportional ist (S. 54). Mithin kann die elektrische Abstossungskraft bei denselben Körpern als Maass der Elektricitätsmenge dienen. Wenn es uns noch gelingt, die elektrische Abstossungskraft durch die uns bekannte Anziehungskraft der Erde zu messen, so haben wir in letzterer den gesuchten Maassstab gefunden.

Die Kraft, mit welcher ein kleiner elektrisierter Körper in einer bestimmten Entfernung von einem anderen, mit derselben Elektricitätsmenge geladenen Körper abgestossen wird, ist natürlich der Kraft gleich, die erforderlich ist, um den beweglichen Körper in dieser Stellung festzuhalten, denn nur in dem Falle kann Gleichgewicht herrschen. Das giebt uns die Möglichkeit, unsere Aufgabe zu lösen.

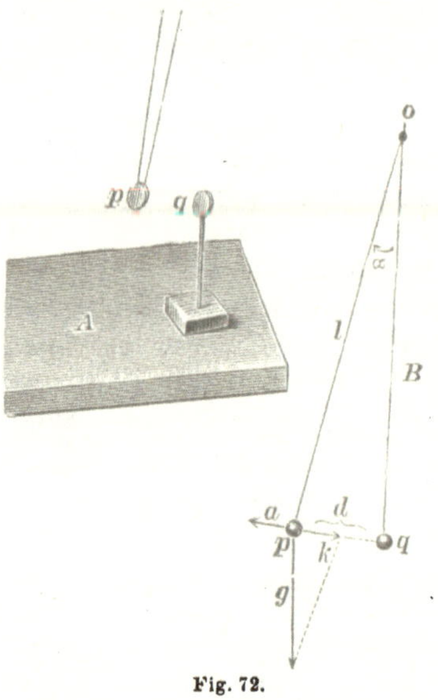

Fig. 72.

Von zwei Haken an der Decke des Zimmers sehen Sie feine Seidenfäden herabhängen, an denen eine kleine Bleiplatte von genau 1 Gramm Gewicht befestigt ist (A, Fig. 72). Eine genau gleiche Bleiplatte (q) ist so an einem Ebonitständer befestigt, dass in der Ruhelage von p beide Platten sich gerade berühren. — Vermittelst eines Ebonitstäbchens schiebe ich p etwas zur Seite und elektrisiere q. Lasse ich nun p langsam zurückfallen, so berührt es q, nimmt denselben Elektricitätsgrad und, wegen der gleichen Kapacität, auch dieselbe Elektricitätsmenge an. Hatte ich vorher q 2 Ladungen gegeben, so haben jetzt p und q je 1 Ladung. Durch die Abstossung zwischen beiden gleichnamig elektrischen Körpern wird nun p abgelenkt und dabei etwas gehoben (B, Fig. 72). In dieser neuen Lage befindet sich das Pendel p unter dem Einflusse zweier Kräfte: der elektrischen Abstossungskraft a und demjenigen Teile der Schwerkraft g, welcher bestrebt ist, das Pendel in die Ruhelage zurückzuführen, d. i. der Schwerkraftskomponente k. Da das Pendel in Ruhe ist, so herrscht zwischen beiden Kräften Gleichgewicht, also ist die Schwerkraftskomponente k gleich der elektrischen Abstossungskraft a. Offenbar bildet k irgend einen bestimmten Bruchteil der gesammten Schwerkraft g, der von der Fadenlänge (l), dem Ablenkungswinkel (α) und dem Gewicht des Pendels abhängig ist und sich aus diesen Grössen berechnen lässt (Anh. 15, S. 145).

Wir können nun die Fadenlänge und das Pendelgewicht so abpassen, dass bei einer seitlichen Ablenkung des Pendels um 1 cm (Mittelpunktsabstand) die Schwerkraftskomponente einen genau bestimmten Bruchteil der Schwerkraft g ausmacht, und zwar denjenigen Bruchteil der Schwerkraft, welcher in der Mechanik als die Krafteinheit, *„das Dyn“* bezeichnet wird[33]). — Diejenige Elektricitätsmenge, welche nun jeder der beiden Platten p und q mitgeteilt werden müsste, um eine seitliche Ablenkung von 1 cm hervorzubringen, hält durch die elektrische Abstossungskraft der absoluten Krafteinheit das Gleichgewicht und wird daher *die absolute Einheit der Elektricitätsmenge* genannt. Bei unserem 1 Gramm schweren Pendel müsste die Fadenlänge $l = 9{,}81$ Meter oder 981 cm genommen werden, damit die Krafteinheit „1 Dyn“ nötig wäre, um das Pendel um 1 cm zur Seite abzulenken. Da wir aber nur über eine Fadenlänge von $l' = 981/4 = 245{,}25$ cm verfügen können, so müssen wir dem Pendel ein Gewicht von 0,25 Gramm geben, damit ebenfalls zur seitlichen Ablenkung von 1 cm dieselbe Kraft = 1 Dyn erforderlich ist. Geben wir nun den beiden Körpern p und q eine solche Ladung, dass die Ablenkung gerade 1 cm beträgt, so hat jeder Körper die *absolute Einheit der Elektricitätsmenge*, welche auch die *elektrostatische Einheit* genannt wird.

Absolute Einheit der Elektricitätsmenge.

Die elektrostatische Einheit ist mithin diejenige Ladung, welche auf eine andere, gleich grosse Ladung in der Entfernung von 1 cm eine Abstossungskraft = 1 Dyn ausübt[34]).

---

[33]) Das Dyn ist die Kraft, welche auf einen Körper von 1 Gramm Masse eine Sekunde lang wirkend, die Beschleunigung von 1 cm geben würde. Da nun die Erde einem fallenden Körper in 1 Sek. die Beschleunigung $g = 9{,}81$ m oder 981 cm erteilt, so ist die Krafteinheit (1 Dyn) der 981ste Teil der Schwerkraft der Erde (an der Erdoberfläche, genauer gesagt für Paris).

[34]) Hierbei ist vorausgesetzt, dass die betr. elektrisierten Körper von keinem benachbarten Leiter beeinflusst werden.

Damit ist die gesuchte Einheit der Elektricitätsmenge bestimmt, doch ist diese elektrostatische Einheit für praktische Messungen wegen ihrer Kleinheit sehr unbequem, indem man sehr grosse Zahlen erhalten würde — so erhält man z. B. bei einem Stückchen Siegellack durch leichtes Streichen an einem Felle mehrere Hundert elektrostatischer Einheiten. Daher hat man, von anderen Ueberlegungen ausgehend, eine *praktische Elektricitäts-Einheit* festgesetzt, die man dem berühmten Physiker Coulomb zu Ehren „1 Coulomb“ nennt. Diese praktische Elektricitäts-Einheit enthält 3000 Millionen elektrostatischer Einheiten.

Das Coulomb.

1 Coulomb $= 3.10^9$ *elektrostatischer Einheiten.*

* * *

Wir wollen nun versuchen, für den elektrischen Zustandsgrad ebenfalls einen solchen absoluten Maassstab aufzustellen, wie es uns für die Elektricitätsmenge gelungen ist.

Wir haben uns heute, zu Beginn unserer Versuche, der kommunicierenden Gefässe bedient (Fig. 73 a. d. f. S.) wobei wir die Höhe des Wasserspiegels einfach nach Centimetern, also mit einem linearen Maassstabe bestimmten. Wir hätten aber auch noch in anderer Weise den Niveauunterschied beider Gefässe messen können.

Hier sehen Sie (Fig. 73) einen hohen Glascylinder (C), der mit 4 ganz gleichen Seitenöffnungen (a b c d) versehen ist, während durch einen Krahn die zufliessende Wassermenge so reguliert werden kann, dass der Wasserspiegel in C in gleicher Höhe verharrt.

Sie erkennen auf den ersten Blick, dass die Ausflussgeschwindigkeit, also auch die Stosskraft der einzelnen Wasserstrahlen um so bedeutender ist, je grösser die Wasserhöhe über der betreffenden Ausflussöffnung ist. Die mechanische Arbeit, welche das bei a, b, c, d ausfliessende Wasser in gleichen Zeiten leisten könnte — etwa indem jeder der Strahlen unmittelbar nach dem Austritt eine kleine Mühle treibt — wird nur von der Wasserhöhe, oder wie wir sagten, vom „Füllungsgrade“, nicht aber von der Wassermenge im Gefässe C abhängig sein, d. h. wenn wir das Gefäss C doppelt so breit oder noch einmal so schmal nehmen, die Ausflussöffnungen a b c d aber unverändert ihre Stellung zur Wasserhöhe beibehalten, so werden die Wasserstrahlen a' b' c' d' auch unverändert bleiben. Die Arbeit, welche jeder dieser Strahlen leisten könnte, ist also ein Maass für die Wasserhöhe über der betreffenden Ausflussöffnung. Wie gross ist nun diese Arbeit?

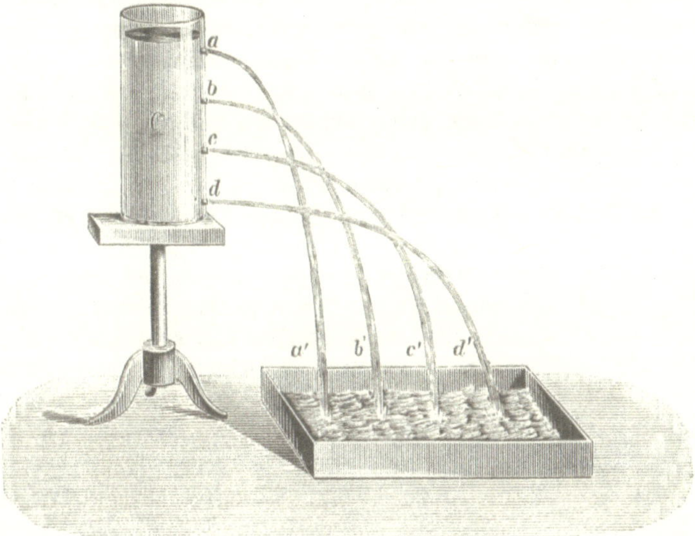

Fig 73.

Denken wir uns in dem Abflussrohre eines Gefässes (A, Fig. 74, S. 130) einen Kolben (k) angebracht, der in dem horizontalen Rohre ohne Reibung gleiten kann, so wird der Kolben durch den Druck der Wassersäule oh = f nach aussen geschoben werden, wenn wir ihn nicht durch einen Gegendruck festhalten. Der in diesem Falle erforderliche Gegendruck muss natürlich — wenn der Kolben in Ruhe ist, also Gleichgewicht zwischen beiden Druckkräften herrscht — gleich dem Drucke der Wassersäule oh = f sein, also = Wasserhöhe (f) × Querschnitt des Kolbens. Hieraus folgt, dass die Kraft, welche wir anwenden müssen, um den Kolben an seiner Stelle zu halten, in geradem Verhältnis zur Wasserhöhe stehen muss. — Lassen wir mit dem Gegendrucke nach, so wird der

Kolben nach aussen geschoben, also könnte durch den Druck desselben eine Arbeit geleistet werden; *genau dieselbe Arbeit* müssen wir nun *aufwenden*, um den Kolben um dieselbe Strecke dem Wasserdrucke entgegen zurückzuschieben!

Nehmen wir an, das Gefäss (A, Fig. 74) sowohl, als auch das Abflussrohr mit dem Kolben (k) habe einen Querschnitt q = 1 □cm. Schieben wir jetzt den Kolben um *1 cm* dem Wasserdruck entgegen, so wird 1 Kubikcentimeter = 1 Gramm Wasser in das Gefäss A gepresst und die ganze Wassersäule oh = f (welche = f Kubcm ist) um 1 cm gehoben. Die Wassersäule f enthält f Gramm Wasser. Nun ist nach den Gesetzen der Mechanik die Arbeit, welche nötig ist, um *f* Gramm *1* cm hoch zu heben, genau so gross, wie die Arbeit, welche wir aufwenden müssen, um *1* Gramm auf die Höhe von *f* cm zu heben. Oder, in unserem Falle: Die Arbeit, welche nötig ist, um f Kubcm Wasser im Gefäss A um 1 cm zu heben = der Arbeit, welche erforderlich ist um 1 Kubcm auf die Höhe der Wassersäule oh = f zu befördern! Der Widerstand, den wir in diesem Falle zu überwinden haben, ist die Anziehung, welche die Erde auf 1 Kubcm Wasser (d. h. auf die Masse = 1) ausübt. Die Arbeit, welche nötig ist, um 1 Kubcm d. h. die Einheit der Wassermenge entgegen der Anziehungskraft der Erde von der Höhe der Bodenfläche bis zum Wasserspiegel zu heben, können wir nun auch als Maassstab für die Höhe des Wasserspiegels benutzen.

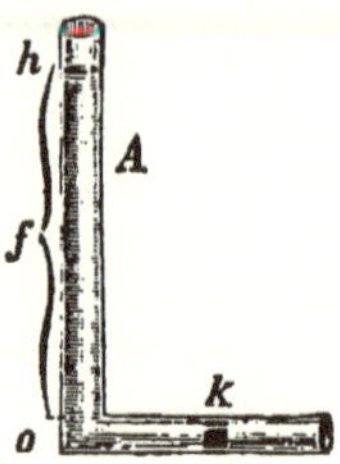

Fig. 74.

Nehmen wir zwei Wassergefässe A und B von verschiedenem Füllungsgrade, so können wir die Niveaudifferenz (a—b) in zweierlei Weise angeben:

1. Nach linearem Maass, z. B. in Centimetern, oder

Begriff des Potentials.

2. Nach dem Arbeitsmaass, d. h. durch die Arbeit, welche erforderlich ist, um die Einheit der Wassermenge vom tieferen Niveau auf das höhere Niveau zu heben. Diesen mechanischen Arbeitswert eines Niveau-Unterschiedes nennt man nun *Potential!*

* * *

Sie werden mit Recht fragen, warum wir einen so mühsamen Weg einschlagen, um die Niveau-Unterschiede zu messen, da wir doch an dem linearen Maassstabe ein so praktisches und bequemes Hülfsmittel besitzen.

Wir sind gewohnt, die Anziehungskraft der Erde als eine unveränderliche Grösse zu betrachten, weil wir an die Oberfläche der Erde gebunden sind und die — etwa beim Besteigen hoher Berge — auftretenden Unterschiede in der Schwerkraft so gering sind, dass sie nur mit den feinsten Messapparaten überhaupt nachgewiesen werden konnten.

Die Arbeit, welche erforderlich ist, um auf der Erde 1 Kilogramm Wasser 1 Meter hoch zu heben wird als Einheit der Arbeit angenommen und 1 Meterkilo (gramm) oder 1 Kilogrammometer genannt und kurz 1 kg. m geschrieben.

Was wird nun geschehen, wenn wir 1 kg Wasser mit uns nehmen und uns 10 mal weiter vom Erdmittelpunkte begeben könnten, als wir uns jetzt befinden, d. h. in die 10fache Entfernung des Erdhalbmessers vom Erdmittelpunkt? Wie die Astronomen gefunden haben, steht die Grösse der Anziehungskraft der Erde im umgekehrten Verhältnis zum Quadrat der Entfernung, ist also in der 10fachen Entfernung des Erdhalbmessers $10 \times 10 = 100$ mal kleiner als in der 1fachen Entfernung, d. h. als auf der Erdoberfläche. Wir könnten also in der 10fachen Entfernung 1 kg Wasser mit demselben Arbeitsaufwande 100 mal höher heben, wie an der Erdoberfläche. Wollten wir durchaus den linearen Maassstab beibehalten, so müssten wir dabei berücksichtigen, dass an der Erdoberfläche ein Niveauunterschied von 1 Meter nach dem Arbeitsmaass gleichwertig ist einem Niveauunterschiede von 100 Meter in der 10fachen Entfernung vom Erdmittelpunkte. — Sie sehen hieraus, dass schon inbezug auf die durch die Anziehungskraft der Erde bedingte Schwere der lineare Maassstab unzuverlässig wird, sobald wir uns etwas weiter von der Erdoberfläche entfernen, dagegen behält der Arbeitswert, d. i. das Potential, seine unbedingte Gültigkeit. Es ist daher schon hier von Vorteil, auf die Niveauunterschiede nicht das Längenmaass, sondern das Arbeitsmaass anzuwenden.

Die elektrische Abstossungs- und Anziehungskraft steht, wie wir gesehen haben, gleichfalls im umgekehrten Verhältnis zum Quadrat der Entfernung der betreffenden elektrischen Körper, folgt also demselben Gesetze, wie die Schwerkraft der Erde. Während aber auf der Erde einer grösseren Erhebung über ein bestimmtes Niveau, z. B. über den Meeresspiegel, stets auch ein grösserer Arbeitswert entspricht, ist das bei elektrischen Körpern keineswegs der Fall. Zwei elektrische Oberflächen können sehr nahe bei einander sein und dennoch einen sehr grossen elektrischen Niveauunterschied zeigen, wie z. B. die Kondensatorplatten oder die Belegungen einer Leydener Flasche, also wird bei elektrischen Körpern die Anwendung des linearen Maassstabes ganz unmöglich und wir sind ge-

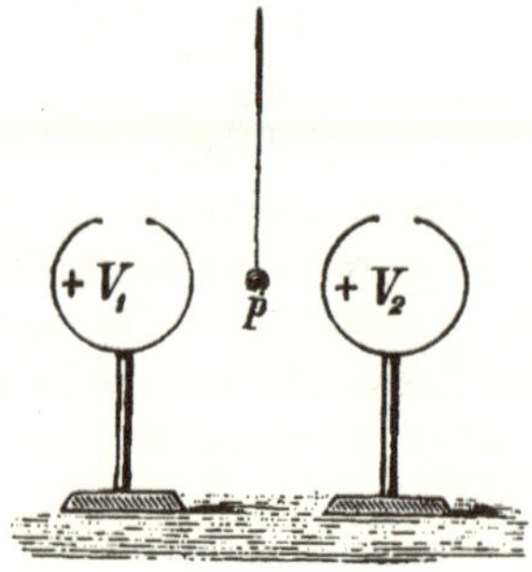

Fig. 75.

zwungen, das Arbeitsmaass anzuwenden, wenn wir einen elektrischen Niveauunterschied scharf bestimmen wollen.

Unsere Aufgabe ist es nun, die Art der hierbei zu leistenden Arbeit und die zu wählende Arbeitseinheit festzustellen.

Denken wir uns die beiden isolierten Hohlkugeln (A und B Fig. 75) mit dem + Pol je einer Elektrisiermaschine verbunden, deren beiden — Pole zur Erde abgeleitet sind. Durch gleichmässiges langsames Drehen soll bei jeder der Kugeln der Zustandsgrad unverändert erhalten werden und zwar sei der Zustandsgrad V_1 der Kugel A grösser, als der Zustandsgrad V_2 der Kugel B.

Hängen wir nun an zwei Seidenfäden das isolierte scheibenförmige Pendelchen (p), welches mit der Einheit der Elektricitätsmenge geladen ist, zwischen beiden Kugeln auf, so wird es von beiden abgestossen, wegen der überwiegenden Abstossung seitens der Kugel A aber mit einer der Zustandsgraddifferenz V_1-V_2 entsprechenden Kraft von A nach B getrieben. Um das Pendelchen an seiner Stelle festzuhalten ist natürlich dieselbe Kraft nötig, mit welcher es von A nach B gestossen wird. Lassen wir das Pendel sich von A bis B bewegen, so könnte es hierbei eine gewisse Arbeit leisten; umgekehrt müssten wir, um das mit einer Elektricitätseinheit geladene Pendel von B nach A — also entgegen der elektrischen Abstossungskraft — zu bewegen, eine gewisse Arbeit aufwenden, die der vorigen an Grösse völlig gleich ist. — Denken wir uns jetzt den Zustandsgrad der Kugel B von V_2 auf V'_2 erniedrigt, so wird die Zustandsdifferenz $V_1-V'_2$ grösser sein, als vorhin V_1-V_2, d. h. die Abstossungskraft der Kugel A im Verhältnis zu B wird grösser, damit auch die Arbeit, welche wir aufwenden müssen, um die Einheit der Elektricitätsmenge von B auf A zu übertragen[35]). Wir sehen also, dass die Arbeit, welche erforderlich ist, um die Einheit der Elektricitätsmenge von einem Körper mit niederem elektrischen Zustandsgrade auf einen Körper mit höherem elektrischen Zustandsgrade überzuführen, ebenso einen Maassstab für die Zustandsdifferenz beider Körper abgeben kann, wie vorhin die Arbeit, die nötig ist, um die Einheit der Wassermenge vom tieferen Niveau auf das höhere zu heben, es für den Wasser-Niveauunterschied war. Es handelt sich also nur noch darum, die Einheit der Arbeit zu finden.

---

[35]) Diese Uebertragung können wir uns in folgender Weise ausgeführt denken: Durch Berührung mit der Kugel B (Fig. 75) nimmt die Pendelscheibe (p) eine gewisse Ladung an. Wählen wir die Pendelscheibe so klein, dass sie hierbei gerade die Einheit der Elektricitätsmenge aufnimmt, so können wir die Scheibe p bis zum oberen Rande der Hohlkugel A bringen und zur Oeffnung hineinfallen lassen (hierbei muss die Ladung der Scheibe auf die Kugel A übergehen). Auf diese Weise haben wir thatsächlich die Einheit der Elektricitätsmenge von einem niederen elektrischen Niveau auf ein höheres hinübergeführt. NB. Hierbei ist vorausgesetzt, dass die beiden elektrischen Körper A und B einen genügend grossen Abstand haben, damit keine gegenseitige Influenzwirkung stattfindet.

Denken wir uns die beiden Seidenfäden, an denen die Pendelscheibe (p) hängt, sehr lang und fein, so ist — bei Abwesenheit der elektrischen Körper A und B — keine merkliche Kraft erforderlich, um das Pendel ein sehr kleines Stück in horizontaler Richtung zu verschieben. Wird nun das mit einer Elektricitätseinheit geladene Pendel von B nach A entgegen der elektrischen Abstossungskraft bewegt, so hat die hierbei aufzuwendende Arbeit lediglich die elektrische Abstossungskraft zu überwinden, die im geraden Verhältnis zum Zustandsunterschiede $V_1 - V_2$ steht. Bezeichnen wir diesen Zustandsgrad-Unterschied als elektrischen Niveauunterschied, so können wir diejenige Arbeit, welche nötig ist, um die Einheit der Elektricitätsmenge vom tieferen elektrischen Niveau auf das höhere zu befördern, den Arbeitswert des elektrischen Niveauunterschiedes nennen und als *elektrisches Potential* bezeichnen.

Begriff des elektrischen Potentials.

Das elektrische Potential zwischen zwei elektrischen Körpern ist die Arbeit, welche geleistet werden muss, um die positive Elektricitätseinheit von dem niederen elektrischen Niveau auf das höhere zu befördern.

Verbinden wir die Kugel B (Fig. 75) leitend mit der Erde, so nimmt sie den Zustandsgrad der Erde an, den wir $= 0$ gesetzt haben; mithin wird die Niveaudifferenz zwischen A und B jetzt $= V_1 - V_2 = V_1 - 0 = V_1$; d. h. es wirkt nun die volle Abstossungskraft von A. Um jetzt eine Elektricitätseinheit von B nach A zu übertragen, d. h. von dem Niveau Null auf das Niveau V_1 zu bringen, ist eine Arbeit nötig, welche dem Zustandsgrade von A proportional ist und das *Potential des Körpers A* genannt wird. Haben zwei Körper ein verschiedenes Potential, so besteht mithin zwischen ihnen eine *Potentialdifferenz.* Das ist nun nichts anderes, als das „Potential zwischen beiden elektrischen Körpern“, denn wenn wir die Niveaudifferenz zweier Wasserspiegel angeben wollen, so ist es für das Resultat gleichgültig, ob wir die Höhe beider Wasserspiegel von einem Null-Niveau (etwa der Meeresfläche aus) zählen, oder ob wir mit der Messung von dem Spiegel des tieferen Niveaus beginnen.

Das elektrische Potential eines Körpers ist also der Arbeitswert des elektrischen Zustandsgrades.

Welchen elektrischen Zustandsgrad sollen wir nun als Einheit nehmen? Offenbar den, wo die Einheit der Arbeit nötig ist, um die Einheit der Elektricitätsmenge vom Null-Niveau, d. h. von der Erde, auf den Körper zu befördern. — In der Mechanik gilt als *Einheit der Arbeit* der Arbeitsaufwand (Energie), welcher nötig ist, um die Einheit der Masse gegen die Einheit der Kraft (1 Dyn) um die Einheit der Strecke (1 Centimeter) zu bewegen. Diese Arbeitseinheit heisst *„1 Erg“*. — Ersetzen wir die Einheit der Masse durch die elektrostatische Einheit, mit der wir uns einen kleinen gewichtlosen Körper geladen denken, und messen wir die elektrische Abstossungskraft nach Dyn, so können wir *die absolute Einheit des elektrischen Zustandsgrades so wählen, dass die Einheit der Arbeit (1 Erg) erforderlich ist, um eine elektrostatische Einheit von der Erde*[36]) *auf den betreffenden Körper zu übertragen.* Wir sagen dann: der Körper hat das *elektrostatische Potential = 1.* Potential-Einheit.

Diese elektrostatische Potentialeinheit ist aber durch ihre Grösse für praktische Zwecke zu unbequem, daher hat man — und zwar auf einem ganz anderen Wege, den wir erst später kennen lernen werden — eine praktische Potential-Einheit aufgestellt und dem Physiker Volta zu Ehren das *„Volt“* genannt. Das Volt.

Das Volt ist mithin die praktische Potentialeinheit und damit der praktische Arbeitswert des elektrischen Zustandsgrades. Es entspricht etwa $^1/_{300}$ elektrostatischer Potential-Einheiten.

1 Volt = $^1/_{300}$ elektrostatischer Potential-Einheiten.

Da das Elektrometer den Zustandsgrad eines mit ihm leitend verbundenen Körpers anzeigt, so können wir aus dem beobachteten Zustandsgrade einen Schluss auf das entsprechende Potential des Körpers ziehen. Nun ist unser

---

[36]) Hierbei haben wir uns keineswegs vorzustellen, dass der mit der Elektricitätseinheit geladene Probekörper von der Erdoberfläche zu dem betreffenden Körper gehoben werden muss. Denken wir uns (B, Fig. 75 S. 132) eine Hohlkugel (B) mit der Erde verbunden, so hat dieselbe auf der ganzen Oberfläche und im Innern den Zustandsgrad der Erde, d. h. das Niveau Null. Wenn wir nun das Pendelchen p in das Innere dieser Hohlkugel bringen und hier mit einer Elektricitätseinheit laden, so brauchen wir es nur einfach herauszuziehen und in das Innere der anderen Hohlkugel (A) fallen zu lassen, um einer Elektricitätseinheit vom Niveau = 0 auf das Niveau des Körpers (A) gebracht zu haben!

Elektrometer so geaicht worden[37]), dass bei Anwendung des Normalkondensators 1 Skaleneinheit gerade 1 Volt entspricht. Da wir die Verstärkungszahl (204) dieses Kondensators kennen, so können wir auch beim Gebrauche des Elektrometers ohne Kondensator den zugehörigen Potentialwert berechnen. *In diesem Sinne misst also das Elektrometer zugleich das elektrische Potential!*

Führen wir nun in den von uns gefundenen quantitativen Beziehungen zwischen Elektricitätsmenge, Zustandsgrad und Kapacität, statt des Ausdrucks „Zustandsgrad" dessen Arbeitswert, das Potential ein, so nehmen unsere Gesetze folgende Fassung an:

1. Die *Kapacität* eines Körpers ist diejenige Elektricitätsmenge (event. die Anzahl Coulomb), welche dem Körper zugeführt werden muss, um sein Potential von 0 auf 1 Volt zu bringen.

   Bei Kugeln wird die Kapacität gemessen durch den Halbmesser in Centimetern, also

$$C = r \qquad \text{(1)}$$

2. Die *Elektricitätsmenge* = Potential × Kapacität = Volt × Kapacität; $E = V \cdot C$. (2a)

Hieraus folgt:

$$\text{Das } \textit{Potential} = \frac{\text{Elektricitätsmenge}}{\text{Kapacität}}; \quad V = \frac{E}{C} \qquad \text{(2b)}$$

$$\text{Die } \textit{Kapacität} = \frac{\text{Elektricitätsmenge}}{\text{Potential}}; \quad C = \frac{E}{V} \qquad \text{(2c)}$$

Ausserdem ergiebt sich:

3. Die *elektrische Dichte* ist diejenige Elektricitätsmenge (event. Anzahl Coulomb), welche auf die Flächeneinheit des Körpers (also auf 1 □cm) kommen würde, wenn die Elektricität — in gleicher Dichte, wie am betreffenden Oberflächenpunkte — sich gleichmässig über 1 □cm verbreiten könnte. —

Bei einer Kugel ist demnach

$$\textit{Dichte} = \frac{\text{Elektricitätsmenge}}{\text{Kugeloberfläche}}; \quad D = \frac{E}{4\pi r^2} \qquad \text{(3)}$$

---

[37]) Diese Aichungsmethode kann erst später, bei der Wirkungsweise der galv. Elemente, erläutert werden.

4. Die *elektrische Abstossungskraft* (auch vielfach die elektrische Spannkraft oder Spannung genannt) steht im geraden Verhältnis zur Elektricitätsmenge und im umgekehrten Verhältnis zum Quadrat der Entfernung. Sie wirkt bei einer Kugel so, als ob die ganze Elektricitätsmenge im Kugelmittelpunkt vereinigt wäre, ist also inbezug auf einen Punkt der Kugeloberfläche vom Halbmesser = r

$$\textit{Elektrische Abstossungskraft} = \frac{\text{Elektricitätsmenge}}{(\text{Halbmesser})^2}; \quad F = \frac{E}{r^2} \quad . \quad (4)$$

Vergleichen wir die für eine Kugel vom Halbmesser = r gefundenen Ausdrücke für die Abstossungskraft (F) und die Dichte (D)

$$F = E/r^2 \quad \text{und} \quad D = E/4\,\pi\,r^2.$$

Das Verhältnis der Abstossungskraft zur Dichte ist also bei einer Kugel:

$$F : D = E/r^2 : E/4\,\pi\,r^2 = 1 : 1/4\,\pi = 4\,\pi : 1$$

oder, wenn wir für π den Zahlenwert 3,1416 einsetzen,

$$F : D = (4 \,.\, 3{,}1416) : 1 = 12{,}5664 : 1,$$

d. h.: Die elektrische Abstossungskraft steht in einem unveränderlichen (konstanten) Verhältnis zur Dichte, ist ihr also streng proportional. Hieraus folgt, dass die Spannung[38]) bei demselben Leiter an stärker gekrümmten Oberflächenteilen einen grösseren Wert haben und im Inneren eines elektrischen Leiters = 0 sein muss. Das Potential hingegen ist auf dem ganzen Leiter und im Inneren desselben konstant.

* * *

Zum Schluss wollen wir noch die Arbeit zu bestimmen suchen, welche durch einen geladenen Leiter geleistet werden kann, wenn wir ihn zur Erde ableiten. Die in einem elektrisierten Körper aufgespeicherte Arbeitsfähigkeit (Energie) ist

---

[38]) Bei dem Ausdruck „elektrische Spannung" herrscht leider eine grosse Verwirrung, da er von den Autoren in verschiedener Bedeutung gebraucht wird. Oft wird (besonders in der Technik) auch der elektrische Zustandsgrad (das Potential) damit bezeichnet. Beim Lesen von Werken über Elektricität muss man immer darauf achten, in welchem Sinne das Wort Spannung gebraucht ist!

natürlich gleich der Arbeit, welche wir anwenden mussten, um ihn auf das gegebene Potential zu laden.

Denken wir uns mehrere isolierte Kugeln von gleicher Grösse und solcher Kapacität, dass eine Elektricitätseinheit nötig ist, um jede der Kugeln auf 1 Volt zu laden. Verbinden wir eine so geladene Kugel, von der Ladung = 1 und dem Potential = 1 Volt, mit der Erde, so wird die abfliessende Elektricität eine gewisse Arbeit leisten können. Nun werden 1, 2, 3 . . . n solcher Kugeln natürlich 1, 2, 3 . . . n mal mehr Arbeit leisten können, als eine einzige Kugel. — Rücken wir die geladenen n Kugeln bis zur Berührung zusammen, so bleibt das Potential (1 Volt) unverändert, nur hat sich die gesamte Elektricitätsmenge vermehrt; sie ist n mal grösser, als bei einer Kugel! Hieraus folgt, dass die geleistete Arbeit — bei gleichbleibendem Potential — in geradem Verhältnis zur Elektricitätsmenge steht. — Andererseits sahen wir, dass es die 2, 3 . . . . n-fache Arbeit erfordert, um einem gegebenen Körper auf das Potential von 2, 3 . . n Volt zu laden, im Vergleich zu der Arbeit die zur Ladung auf 1 Volt nötig ist. Umgekehrt kann auch ein bestimmter Körper, der auf *1*, *2*, *3* . . . . n Volt geladen wird, das *1*, *2*, *3* . . n-fache der Arbeit leisten, wie bei der Ladung von *1* Volt.

Leistet also ein elektrisierter Körper

bei 1 Volt und einer Elektricitätsmenge = 1 eine gewisse Arbeit = a

so werden andere Körper (z. B. Kugeln)

	bei 2 Volt u. d. Elektricitätsmenge	= 1 eine Arbeit	= 2 a
oder	- 1 - - - - -	= 2 (ebenfalls)	= 2 a
	- V - - - - -	= 1 eine Arbeit	= V . a
	- V - - - - -	= E - -	= V . E . a

leisten; d. h.: Die in einem elektrisierten Körper aufgespeicherte Arbeitsfähigkeit (Energie) ist also dem Produkte V . E, d. h. „Potential × Elektricitätsmenge" proportional. *Das Produkt aus Potential × Elektricitätsmenge ist nun das gesuchte Maass für die in einem elektrisierten Körper aufgespeicherte Energie.*

Nehmen wir zur Einheit des Potentials das Volt und zur Einheit der Elektricitätsmenge das Coulomb, so ist das Produkt Volt × Coulomb, oder das „Volt-Coulomb“, das praktische Maass der elektrischen Energie eines geladenen Körpers.

Nun sahen wir:

1 Volt = $^1/_{300}$ elektrostat. Potentialeinheiten
1 Coulomb = $3 . 10^9$ elektrostat. Einheiten der Elektricitätsmenge

also ist *1 Volt-Coulomb* = $3 . 10^9 \times {}^1/_{300} = 10^7$ elektrostat. Einheiten der Energie

= 10 Millionen Erg.

Nun hat das mechanische Arbeitsmaass, das Kilogrammo-Meter 1000 . 100 . 981 = 98100000, oder rund 100 Millionen Erg; also ist (nahezu)

1 Volt-Coulomb = $^1/_{10}$ Kilogrammo-Meter.

Berücksichtigen wir nun, dass unsere Influenzmaschine bei einer Funkenstrecke von 20 cm ein Potential von etwa 30000 Volt erreicht und vergleichen wir damit die riesigen, oft kilometerlangen Blitze, die aus den Gewitterwolken zucken, so erscheinen uns alle künstlich erzeugten elektrischen Funken winzig gegenüber den Blitzen, deren Zerstörungskraft uns jetzt nicht mehr unbegreiflich erscheint, die uns aber zwingt, die Übermacht der Naturkräfte anzuerkennen und einzugestehen, dass wir weit davon entfernt sind, dieselben zu beherrschen!

Anhang.

(Historische Bemerkungen und Ergänzungen.)

S. 1. 1. Der Name „*Elektricität*“ (Bernsteinkraft) ist von Gilbert (geb. 1540 in Colchester, † 1603 in London) aufgebracht worden. In seinem Werke: „De Magnete, magnetibusque corporibus et de magno magnete tellure Physiologia nova“ (London 1600) kommt folgende Stelle vor: „Vim illam *electricam* nobis placet appellare, quae ab humore provenit“. (Diese Kraft, welche aus dem Feuchten stammt, wollen wir die elektrische nennen.) — Da dieses Werk die ersten wissenschaftlichen Versuche über Elektricität enthält, so können wir bald (1900) die dreihundertjährige Feier der eigentlichen Entdeckung der Elektricität begehen!

S. 6. 2. Das erste Elektroskop (Franklin's) bestand aus zwei isoliert aufgehängten Leinfäden, die später durch zwei Hollundermarkkügelchen gespannt wurden (Canton). Saussure benutzte zwei Strohhalme und Bennet zwei Streifen Blattgold, die bei den neueren Apparaten meist durch Aluminium-Blättchen ersetzt werden. Bei allen diesen Elektroskopen befanden sich die beweglichen Teile am Ende des Leitungsstabes. Erst in neuester Zeit wurden die Blättchen an der Seite des Leitungsstabes angeklebt und dadurch der Ausschlagswinkel bedeutend vergrössert (Exner). Die von uns benutzten Papier-Elektroskope haben gewissermaassen ein Gelenk; desgleichen das mit nur einem einzigen Blättchen versehene Aluminium-Elektrometer (Poske's Zeitschr. für d. phys. u. chem. Unterr. 1888, S. 152 u. 1889, S. 153). Dadurch ist die Empfindlichkeit und Dauerhaftigkeit der Apparate erhöht.

S. 7. 3. Glimmer, auch Marienglas genannt, ist ein Silicium und Kali enthaltendes Mineral. (Der meist dunkle Magnesium-Glimmer kommt, weil er durch einen Gehalt an Eisenoxyd leitend ist, für uns nicht in Betracht). Der Kali-Glimmer lässt sich leicht in die dünnsten Blättchen spalten, die nach dem

Austrocknen an der Luft, oder über einer Flamme, vorzüglich isolierfähig sind.

4. Dieser anschauliche Apparat (Fig. 9) wird seit mehr als 12 Jahren von Prof. Vanderfliet in Petersburg bei seinen Vorlesungen benutzt. Hier ist eine modificierte und bequemere Form desselben beschrieben. Dieser Apparat verdient durchaus eine weitere Verbreitung. S. 9.

5. Damit dieser anschauliche Versuch (Fig. 12) gut gelingt, muss die Luft langsam einströmen, da sonst die Seifenblase leicht abfällt. Auch ist es ratsam, die Ebonitröhre an einem nicht zu kurzen (mindestens 20 cm langen) Arm eines Ständers fest einzuklemmen. Zur Seifenlösung ist Marseiller Seife sehr geeignet; auch kann man einige Tropfen Glycerin zusetzen (eher zu wenig, als zu viel). Die Stärke der nötigen Lösung muss man ausprobieren. S. 23.

6. Die benutzte Lampe (L Fig. 15) ist ein Petroleum-Rundbrenner mit einer 8 cm hohen Flamme von 18 Kerzen Leuchtkraft. Die Sammellinse (k) hat einen Durchmesser von 8 cm und eine Brennweite von 10,4 cm. — Die Doppellinse (p), die aus zwei plan-konvexen Linsen besteht, hat einen Durchmesser von 10 cm und eine Brennweite von 15,5 cm. Die Entfernung zwischen ihr und dem Projektionsschirme (s) beträgt bei verdunkeltem Zimmer 2,5 m, sonst 1 m (wobei der Schirm gegen die Fenseterseite gestellt wird, damit kein direktes Licht vom Fenster auf die benutzte Schirmseite fällt). S. 27.

7. Coulomb fand die Gesetze der elektrischen Abstossung vermittelst seiner elektrischen Drehwage, die jetzt fast ganz ausser Gebrauch gekommen ist, da neuere Apparate weit bequemer und empfindlicher sind. S. 55.

8. Geben wir der unteren Kondensatorplatte, welche mit dem Elektrometer verbunden ist, eine positive Ladung $= L$, so wird, wenn wir die obere Platte aufsetzen und ableitend berühren, in dieser eine gewisse Menge $-E$ gebunden, die einen ganz bestimmten Bruchteil (x) von der Ladung der unteren Platte ausmacht. Die Ladung der oberen Platte $L' = x \cdot L$. — Berühren wir nun auch die untere Platte ableitend, so wird auf dieser derselbe Bruchteil von der Ladung der oberen Platte (L') gebunden sein, also ist jetzt die Ladung der unteren Platte (nach dem Aufheben der oberen) $L_1 = x \cdot L' = x^2 L$. Die Menge S. 65.

der freien Elektricität wäre $e = L - x^2 L = L(1 - x^2)$. Das Verhältnis der ursprünglichen Ladung (L) zu der freien Elektricität der unteren Platte $[L(1 - x^2)]$ ist nun die gesuchte *Verstärkungszahl* (k) des Kondensators. Es ist also $k = L/L(1 - x^2) = 1/(1 - x^2)$.

Es gilt also zunächst x^2 zu finden. — Setzen wir die Doppelberührung (erst oben, dann unten) fort, so erhalten wir folgendes:

untere Platte	obere Platte
ursprüngliche Ladung $= L$	nach der 1. Berührung (oben) gebunden: $L' = x \cdot L$
nach der 1. Berührung (unten) gebunden: $L_1 = x \cdot L' = x^2 \cdot L$	nach der 2. Berührung (oben) gebunden: $L'' = x \cdot L_1 = x^3 \cdot L$
nach der 2. Berührung (unten) gebunden: $L_2 = x \cdot L'' = x^4 \cdot L$	

....

nach der n^{ten} Berührung (unten) gebunden: $L_n = x^{2n} L$.

Die Werte L und $L_n = x^{2n} \cdot L$ können wir direkt am Elektrometer messen und hieraus x^2 berechnen, worauf die Verstärkungszahl $k = 1/(1 - x^2)$ sich leicht ergiebt.

Aus der Gleichung $x^{2n} L = L_n$ folgt nämlich $x^{2n} = L_n/L$, also

$$x^2 = \sqrt[n]{\frac{L_n}{L}} = \text{Num.}\left[\frac{1}{n}(\log L_n - \log L)\right].$$

Bei einer Messung an unserem Normalkondensator betrug die ursprüngliche Ladung $L = \mathit{4{,}50}$ Aichungseinheiten. Nach 10 Doppelberührungen (oben und unten) zeigte das Elektrometer nach dem Abheben der oberen Platte $L_n = \mathit{4{,}28}$, also ist

$$x^2 = \sqrt[10]{L_n/L} = \sqrt[10]{4{,}28/4{,}50} = 0{,}9951;$$

mithin ist $1 - x^2 = 0{,}0049$, also die gesuchte Verstärkungszahl des Kondensators $k = 1/0{,}0049 = \mathit{204}$.

. 66. **9.** Diese Methode der Aichung des Elektrometers vermittelst zweier Kondensatoren ist eingehend beschrieben in der „Zeitschr. für d. phys. und chem. Unterr." (Berlin, Springer) IV. S. 293.

10. Die Wirkung einer elektrischen Flasche hängt, ausser S. 70.
der Grösse der Belegungen, noch wesentlich von der *Isolierfähigkeit* des Glases ab. Flaschen, die eine hohe elektrische Spannung aushalten, also starke Funken geben sollen, müssen dickwandig und *ohne Blasen* sein. Nach dem Bekleben der Flasche mit Staniol muss das Glas erst sehr sorgsam getrocknet und *noch warm* mit Schellackfirnis (am nicht belegten Teile) überzogen werden, sonst ist oft alle Mühe vergebens! Man prüft das Glas am einfachsten auf seine Isolierfähigkeit, indem man es erst gründlich reinigt und nach dem Trocknen mit amalgamiertem Leder reibt — je stärker es knistert beim Funkengeben, umso besser isoliert es auch.

11. Die Influenz-Elektrisiermaschine haben (1871) gleich- S. 88.
zeitig und unabhängig von einander *Töpler* (damals in Riga) und *Holtz* (in Berlin) erfunden. Jetzt sind verschiedene Modifikationen derselben im Gebrauch. Bei einigen sind die Glasscheiben durch Ebonitscheiben ersetzt und die Anzahl der Belegungen vermehrt, oder es sind Vorrichtungen angebracht, um die Maschine sich selbst (durch Reibung von Metallbürsten an isolierten Knöpfen der rotierenden Scheibe) erregen zu lassen. Wichtiger sind die Influenzmaschinen mit mehreren (bis 20) rotierenden Scheiben, wo gewissermaassen mehrere Maschinen derart *hintereinander* gespannt sind, dass die eine Maschine die Belegungen der folgenden elektrisiert. Die letzte Maschine mit freien Konduktoren giebt dann Funken von sehr grosser Schlagweite (sogenannte Maschinen für „Spannung") oder man verkuppelt die Maschinen „*nebeneinander*", d. h. man sammelt die Elektricität der gleichnamigen Pole in gemeinschaftlichen Konduktoren an. Auf diese Weise erhält man grössere Elektricitätsmengen von demselben Zustandsgrade, wie eine einzelne Maschine ihn liefert. (Ähnlichen Kombinationen von elektrischen Apparaten werden wir bei den galvanischen Elementen begegnen.)

12. Da die elektrische Anziehungs- und Abstossungskraft S. 106.
im umgekehrten Verhältnis zum Quadrat der Entfernung steht, so folgt, dass, wenn eine Kugel vom Halbmesser = r so stark elektrisiert wird, dass sie den Zustandsgrad = V annimmt, ein Punkt in doppelter Entfernung (vom *Kugelmittelpunkt!*), also im Abstande = 2r, den Zustandsgrad . $V/2^2 = V/4$ . . ., in

n-fachem Abstand den Zustandsgrad $V_n = \dot{V}/n^2$ zeigen muss. Kennt man nun die Entfernung eines Punktes von einer elektrisierten (ringsum freien) Kugel, deren Halbmesser und Zustandsgrad bekannt ist, so können wir leicht den Zustandsgrad der elektrischen Niveaufläche berechnen, welche durch den betreffenden Punkt geht. Da die Niveauflächen einen umso kleineren Zustandsgrad haben, je weiter sie von dem elektrisierten Körper abstehen, so wird ein länglicher isolierter Leiter, den wir mit dem einem Ende dem influierenden Körper nähern, gewissermaassen in verschiedene elektrische Niveaus tauchen. Von dem höheren Niveau fliesst dann soviel Elektricität zu dem abgewandten Ende hin, als zur Ausgleichung des Niveauunterschiedes erforderlich ist. Von diesem Gesichtspunkte aus erscheinen die Influenzversuche (S. 106) in einem neuen Lichte, — doch würden wir bei näherem Eingehen darauf, die diesem Büchlein gesteckten Grenzen überschreiten, daher verweisen wir den sich dafür interessierenden Leser u. A. auf Müller-Pouillet's Lehrb. der Phys. und Meteorol. (herausgegeben von Pfaundler) 9. Aufl. 1890, III. Band, S. 141 — 144.

S. 108. **13.** Damit die elektrischen Kraftlinien schön hervortreten, muss das schwefelsaure Chinin erst kurz vor dem Versuche zu dem (gut verkorkt aufzubewahrenden) Terpentinöl zugesetzt werden. Die Mischung ist schon am folgenden Tage weniger wirksam. In flachen Glasgefässen mit plan-parallelen Wänden kann die Erscheinung auch vermittelst einer Projektionslampe objektiv sichtbar gemacht werden. Ein zweckentsprechendes Glassgefäss kann man sich leicht herstellen, indem man zwischen zwei Glasplatten (6 × 10 cm) einen dünnen Gummischlauch U-förmig legt und beide Platten durch 2 Gummiringe an den Enden zusammenpresst. Ein solches Gefäss hat den Vorzug, dass man es leicht auseinandernehmen und reinigen kann. — (Dieses Experiment ist kürzlich in einer englischen Fachzeitschrift beschrieben worden, auf die Verf. durch einen Kollegen aufmerksam gemacht wurde.)

S. 112. **14.** Die ägyptischen Tempel in Edfu und Dendera zeigen Inschriften, welche von Dümichen und Brugsch entziffert worden sind. Sie besagen, dass die hohen, mit Kupferplatten beschlagenen und mit einer vergoldeten Spitze versehenen Maste gebaut worden seien, „um das aus der Höhe kommende

Unwetter zu brechen". (J. Dümichen: „Baugeschichte des Dendera-Tempels", Strassburg 1877.)

Benjamin Franklin teilte 1747 (1748?) der Royal Society in London seine Idee mit, wie man vermittelst eines Papierdrachens „Blitze aus den Wolken ziehen" könne, wurde aber fast allgemein verlacht. Er führte das Experiment selbst 1752 aus, nachdem bereits Andere auf seinen Vorschlag hin, den Versuch gemacht hatten. Prof. Richmann in St. Petersburg wiederholte am 6. August 1753 den Versuch und wurde dabei vom Blitzschlage getötet. Durch die Zeitung erfuhr Prokop Divisch davon und beschrieb in einer Zuschrift an die Berliner Akademie einen Apparat, der es gestatte, den Blitz unschädlich in die Erde zu leiten. Darauf baute er 1754 seinen Blitzableiter, während der erste Blitzableiter nach Franklin's Angaben 1760 in Philadelphia errichtet wurde. Somit hat — wenn man von den alten Ägyptern absieht — Divisch den ersten Blitzableiter aufgestellt.

15. Nehmen wir die Pendelfäden genügend lang und die Ausschlagswinkel so klein, dass wir (B, Fig. 72, S. 126) den Abstand der beiden Scheiben pq = d ohne merklichen Fehler als Kathete eines rechtwinkligen Dreiecks (q o p) betrachten dürfen, so ergiebt sich nach einem einfachen geometrischen Gesetz $k : g = d : l$, also $k = d \cdot g/l$, wo k die Linie bedeutet, welche (in Fig. 72) die am Pendel p wirksame Schwerkraftskomponente darstellt. Hat das Pendel (p) die Masse $= m$, so ist der in vertikaler Richtung abwärts gerichtete Zug durch die Schwerkraft (g) $= m \cdot g$ und der der Schwerkraftskomponente $(k) = m \cdot k = m \cdot d \cdot g/l$. Dieser Komponente hält nun die elektrische Abstossungskraft zwischen beiden mit gleichen Elektricitätsmengen $(e' = e'' = e)$ geladenen Scheiben p und q das Gleichgewicht. Nun ist, wie wir (S. 55) sahen, die elektrische Abstossungskraft zwischen zwei gleichnamig-elektrischen Körpern (im Abstande d) $a = e' \cdot e''/d^2 = e^2/d^2$. Also ist $m \cdot d \cdot g/l = e^2/d^2$. Nun soll $d = 1$ (Centimeter) und $e = 1$ (elektrostatische Einheit der Elektricitätsmenge) sein und obige Formel wird einfach $m \cdot g/l = 1$, oder $m = l/g$. Dann wird, wenn das Pendel durch die elektrische Abstossungskraft um 1 cm seitlich abgelenkt wird, die Abstossungskraft gerade $= 1$ Dyn sein. Für das Pendel, dessen Masse $m = 1$ (Gramm), S. 126.

ist $l/g = 1$, also $l = g = 981$ cm erforderlich. Ist dagegen, wie in unserem Falle, die Fadenlänge auf $l = 981/4$ Centimeter beschränkt, so wird, da $m = l/g$ sein muss, $m = (981 : 4)/981 = 1/4$, also $m = 0{,}25$ *Gramm* zu wählen sein.

S 131. **16.** Bei dem Vergleich zwischen der Elektricität und der Schwere sind wir stellenweise der Darstellung gefolgt, die Balfour Stewart und Haldane Gee in ihrer „Prakt. Physik", deutsch von Karl Noack (Berlin, Springer, 1889, I. Teil, S. 37 bis 39) geben. Der die Elektricität behandelnde Teil dieses Werkes bietet eine Fülle hübscher Aufgaben und Versuche, die sich übrigens ebensogut mit den von uns benutzten Apparaten ausführen lassen. Die Darstellung ist für den Anfänger etwas zu knapp, sonst ist das Studium dieses Buches sehr zu empfehlen.

S. 134. **17.** Das elektrische Potential wird gewöhnlich so definiert: „Das elektrische Potential eines Körpers ist die Arbeit, welche man aufwenden muss, um die (positive) Elektricitätsmenge $= 1$ aus unendlicher Entfernung (also vom absoluten elektrischen Niveau $= 0$) an den Körper heranzubringen." Da wir aber bei der wirklichen Ausführung der Versuche stets das elektrische Niveau der Erde $= 0$ annehmen, so haben wir den Begriff des elektrischen Potentials entsprechend einfacher formuliert. Ein Fehler wurde dadurch nicht begangen, da wir es immer nur mit Potential-Differenzen zu thun haben, die Wahl des Null-Niveaus also gleichgültig ist.

S. 136. **18.** (Zu der Bemerkung über das Elektrometer). Das Elektrometer sollte sich zu dem Elektroskope ebenso verhalten, wie das Thermometer zum Thermoskop, d. h. die Angaben der einzelnen Apparate müssen nicht nur unter sich vergleichbar sein, sondern auch in einer gesetzmässigen Beziehung zu den gemessenen Grössen stehen. Beim Thermometer geben die beiden „festen Punkte" (Gefrierpunkt und Siedepunkt) einen wertvollen Anhalt, dagegen müssen Elektrometer entweder (durch Zuführung gleicher Elektricitätsmengen) geaicht werden, oder sie müssen so konstruiert sein, dass die Ausschläge in einer gesetzmässigen Beziehung zur Ladung stehen, also eine Berechnung derselben gestatten. Beides ist bei unserem Elektrometer (mit einer für unsere Zwecke genügenden Genauigkeit) der Fall.

Ist der Ausschlag bei 1 Ladung (in Graden) $= \alpha_1^0$, so ist der Ausschlag bei der n-fachen Ladung α^0_n, und zwar findet folgende Beziehung statt: $\text{tang} . \alpha^0_n = n(\text{tang} . \alpha^0_1 + a) - b$; wo a und b Konstanten des Apparates sind, die bei guten Elektrometern dieser Art so kleine Zahlenwerte haben, dass man für Schulversuche setzen kann: $\text{tang}\ \alpha^0_n = n . \text{tang} . \alpha^0_1$. Unser Elektrometer ist gewissermaassen ein Tangenten-Elektrometer.

Die Mechaniker verkaufen oft fälschlicher Weise unter dem Namen „Elektrometer" mit 2 Blättchen versehene Elektroskope, die mit einer einfachen Gradskala versehen sind. Diese verdienen den Namen Elektrometer nicht.

Die zu den beschriebenen Versuchen benutzten neuen Apparate werden von den Mechanikern O. Richter in Petersburg (Admiralitätsplatz 4) und G. Lorenz in Chemnitz zu folgenden Preisen geliefert:

	O. Richter	G. Lorenz
	Rubel	Mark
1 Papier-Elektroskop (Fig. 3)	4	12
2 Papier-Elektroskope mit Nebenapparaten	8—10	24—25
1 biegsames Drahtnetz (Fig. 9 u. 10) zur Demonstration der elektrischen Verteilung	5—6	10
1 Seifenblasen-Apparat (Fig. 12) mit Gummiblasebalg	5—6	15
1 Kegelkonduktor (Fig. 14) vernickelt nebst isolierter Probekugel	12	20
1 Aluminium-Elektrometer (Fig. 13) mit 1 Gradskala auf Spiegelglas, 2 Kondensatorplatten	20	50
1 Aluminium-Elektrometer mit Extra-Ebonitpfropf, Leitungsstab und Papierblättchen zu Versuchen (Fig. 42 u. a.)	23	55
1 Aluminium-Elektrometer mit einsetzbarer Projektions-Grad- (oder Volt-) Skala	25	60
1 Elektrometer für atmosphärische Elektricität (Fig. 63) mit Grad- und Voltskala auf Spiegelglas	25	55
1 Elektrometer mit Flammen-Kollektor teurer um	15—20	25—40
3—4 isolierte Hohlkugeln (20, 10, (10), 5 cm Durchmesser) vernickelt (Fig. 20)	18—25	30—40
1 Paar Luftkondensatorplatten (Fig. 34) 15 cm Durchmesser, vernickelt, mit Hartgummigriff, auf isoliertem Ständer	12	24
Glimmerplatten dazu, je nach der Grösse und Dicke	—	—
1 Kapacitätsmesser (Fig. 42)	12	24

Alphabetisches Sachregister.

(Die Zahlen beziehen sich auf die Seiten; Anh. = Anhang.)

www.ingramcontent.com/pod-product-compliance
Lightning Source LLC
LaVergne TN
LVHW042244300926
849161LV00003B/464